图说家庭有机蔬菜栽培技术

王迪轩　何永梅　王雅琴　主编

化学工业出版社
·北京·

本书按照有机蔬菜栽培的基本要求，选取了10种家庭经常种植或容易管理的蔬菜，对其品种概况、栽培管理、病虫害综合防治中的一些关键技术和知识点，以图说的形式进行简易的程序化设计，使有机蔬菜栽培走向广大家庭。

本书通俗易懂，图文并茂。适于从事有机蔬菜生产的家庭农场、家庭主妇、阳台蔬菜爱好者阅读，也可供有机蔬菜栽培专业合作社参考。

图书在版编目（CIP）数据

图说家庭有机蔬菜栽培技术 / 王迪轩，何永梅，王雅琴主编．—北京：化学工业出版社，2017.10

ISBN 978-7-122-30508-4

Ⅰ．①图…　Ⅱ．①王…　②何…　③王…　Ⅲ．①蔬菜园艺－无污染技术－图解　Ⅳ．①S63-64

中国版本图书馆CIP数据核字（2017）第208214号

责任编辑：刘　军　冉海滢　张　艳　　　装帧设计：关　飞
责任校对：王　静

出版发行：化学工业出版社（北京市东城区青年湖南街13号　邮政编码100011）
印　　装：北京东方宝隆印刷有限公司
710mm×1000mm　1/16　印张12　字数206千字　2017年11月北京第1版第1次印刷

购书咨询：010-64518888（传真：010-64519686）　售后服务：010-64518899
网　　址：http://www.cip.com.cn
凡购买本书，如有缺损质量问题，本社销售中心负责调换。

定　　价：49.00元

本书编写人员名单

主　　编

王迪轩　何永梅　王雅琴

副主编

谭卫建　胡　为　曹冰兵

编写人员

（按姓名汉语拼音排序）

曹冰兵　曹建安　方喜明　高述华　何延明

何永梅　贺铁桥　胡　为　简琼辉　李积才

李　艳　罗美庄　欧云芳　彭学茂　谭　丽

谭卫建　唐慧丽　王　灿　王迪轩　王雅琴

徐　洪　徐军辉　杨毅然　张有民　周　铭

前言

FOREWORD

近年来，我们在博客、QQ、微信等新媒体上经常能看到家庭种菜的图片、视频，不少退休职工在近郊租上一片菜地，把菜地里的草一根根拔除，一锄头一锄头把地翻耕整细，从榨油坊买来菜饼发酵施用，细细地掰开一片片菜叶把虫卵摘除……绝对不用一粒化肥，绝对不用一滴人工合成的化学农药，遵循自然，保护环境。体验农耕生活，呼吸大自然的新鲜空气，享受用汗水换来的劳动成果，不亦乐乎。家庭种植有机蔬菜成为一道靓丽的风景。

但这些家庭有机蔬菜种植者常有许多困惑。为什么菜种下去不易成活，瓜果菜、豆类菜只开花不结果，植株上的虫害总是除不胜除，菜叶被咬得稀烂但看不见是什么虫子危害的，萝卜长不大等各种各样的问题，使他们变得束手无策。

虽然家庭种植蔬菜已成为一种潮流，但要种好蔬菜，特别是遵循自然，按有机的方法种植，确有一些难度。本书选取家庭经常种植或容易管理的10种蔬菜，按照基本的操作流程，对栽培管理进行简易的程序化设计，尽量以图片说话，让家庭种植有机蔬菜者在付出辛勤劳动的同时，少走弯路，一分辛苦收获一分甘甜。

“蔬菜不使用农药”，是一些有机蔬菜种植者或一般蔬菜销售人员挂在嘴边的口头禅，这里的“农药”应是指化学农药。除了加强栽培管理，辅之以物理的、生物的防治病虫害手段是必要的，植物源、动物源的农药是允许在有机蔬菜生产中使用的，因此不必“谈药色变”。这也是搞好家庭有机蔬菜种植应具备的观念。

此外，本书未涉及有机蔬菜认证的内容，如转换期、平行生产、缓冲带要求、档案管理、有机认证等等，由于有机蔬菜认证每年的费用较大，主要针对从事有机蔬菜生产的专业合作社、大型基地，对一般的家庭有机蔬菜种植者，完全没有必要，也不经济。如读者有意从事专业的有机蔬菜生产，并进行有机认证，可参考编者早前出版的《图说有机蔬菜栽培关键技术》一书。

本书在编写过程中得到了湖南省农业委员会经作处谭建华先生的指导，湖南中医药高等专科学校营养学教授罗美庄提供了必要的帮助，特在此致谢。

由于时间仓促，编者水平有限，疏漏和不当之处在所难免，敬请读者及同行批评指正。

编者

2017年9月

目录

CONTENTS

Chapter 4

有机小白菜栽培技术

Chapter 5

有机萝卜栽培技术

Chapter 6

有机菠菜栽培技术

Chapter 7

有机蕹菜栽培技术

Chapter 8
有机韭菜栽培技术

Chapter 9
有机花椰菜栽培技术

Chapter 10
有机莴苣栽培技术

有机

辣椒

栽·培·技·术

图1-1　兴蔬206辣椒

一、辣椒概况

1. 品种名称

辣椒（图1-1），别名：海椒、地胡椒、斑椒、狗椒、黔椒、辣枚、茄椒、秦椒、辣子、辣角、番椒、辣茄等，包括甜椒和辣椒，在果实没有变红前采收做菜用的又通称为青椒。

2. 类别

茄科辣椒属、能结辣味或甜味浆果的一年生或多年生草本植物。

3. 食疗价值

辣椒营养丰富，含有辣椒素、维生素C、维生素A、胡萝卜素、核黄素等多种营养物质。以果实供食，可以生吃，或制作剁辣椒、腌渍（图1-2、图1-3），或拌凉菜、做泡菜，也可晒干挂藏（图1-4），以及制成辣椒酱、辣椒油、辣椒糊、辣椒粉等，或制作辣椒罐头。辣椒有解热、镇痛、抗炎的作用，健胃消食，有助于胃溃疡的防治，具有减肥降脂的健美功效，是治疗冻疮、冻伤的“灵丹”，预防癌症的佳蔬，果实、茎秆和种子还可入药。

4. 产品图例

辣椒品种类型众多，按果实特征来分，可分为长角椒（图1-5）、甜柿椒（图1-6）、簇生椒（图1-7）、樱桃椒（图1-8）、圆锥椒5个变种。

图1-2　剁辣椒

图1-3　白辣椒加工

图1-4　辣椒干藏

图1-5 长角椒

图1-6 甜柿椒

图1-7 簇生椒

图1-8 樱桃椒

5. 辣椒对环境条件的要求

辣椒性喜温暖，害怕寒冷，尤怕霜冻，又忌高温和暴晒，喜潮湿又怕水涝，比较耐肥。

（1）温度 辣椒在气温15～34℃的范围内都能生长，但最适温度是白天23～28℃，夜间18～23℃。种子发芽的适温是25～30℃。苗期要求温度较高，白天25～30℃，夜间15～18℃最为有利，适宜的昼夜温差是6～10℃。开花结果初期的适温是白天20～25℃，夜间15～20℃，低于10℃不能开花。辣椒怕炎热，气温超过35℃，花粉变态或不孕，不能受精而落花（图1-9），如果再遇到湿度大时，又会造成茎叶徒长。辣椒根系生长的最适地温是23～28℃。

（2）光照　辣椒对光照的要求因生育期不同而异。种子发芽要求黑暗避光的条件，育苗期要求较强的光照，生育结果期要求中等光照强度。辣椒的光饱和点为30000lux（勒克斯），比番茄、茄子都要低。光补偿点是1500lux。光照不足，影响花的质量，引起落花落果、减产。光照过强，则茎叶矮小，不利于生长，也易发生病毒病和日烧病（图1-10）。

图1-9　辣椒落花现象

图1-10　辣椒日灼果田间发病状

（3）水分　辣椒对水分要求严格，不耐旱也不耐涝，喜欢较干爽的空气条件。特别是大果型品种，对水分的要求更为严格。土壤水分过多易发生沤根，造成萎蔫死秧。辣椒被水淹数小时植株就会出现萎蔫，严重时死亡。幼苗期需水较少，要适当控水。结果期要有充足的水分。辣椒喜土壤适度湿润而空气较干燥的环境，土壤相对含水量80%左右，空气相对湿度60%～80%时，对辣椒的生长有利。

（4）空气　辣椒种子萌发过程中，需要充足的氧气。辣椒是果菜中对土壤的通气状况比较敏感的作物。必须通过土壤耕作和多施有机肥，促进土壤团粒结构的形成。另外，做成深沟、高畦，排水通畅，可避免因土壤过湿造成土壤中氧气不足，也有利于辣椒的生长和结果。

（5）土壤与营养　辣椒在中性和微酸性土壤上都可种植。但其根系对氧气要求严格，宜在土层深厚肥沃、富含有机质和通透良好的沙壤土上种植。辣椒长发育要求充足的氮、磷、钾营养，但苗期氮肥和钾肥不宜过多，以免茎叶生长过旺，延迟花芽分化和结果。磷对花的形成和发育具有重要作用，钾是果实膨大必需的元素。生产上必须做到氮、磷、钾配合施用，在施足底肥的基础上，适时追肥。辣椒对硼等微量元素也比较敏感，在花期根外喷硼有较好的增产效果。

6. 栽培季节及茬口安排

有机辣椒家庭栽培主要方式为春露地栽培、夏露地栽培、秋露地栽培等，具体参见表1。

表1　有机辣椒家庭栽培茬口安排（长江流域）

种类	栽培方式	建议品种	播期	定植期	株行距/（cm×cm）	采收期	亩产量/kg	亩用种量/g
辣椒	春露地	湘研11号、湘研19号、兴蔬205	10月下~11月中	3月下~4月上	（35~40）×（50~60）	5月下~7月	2500	40~50
	夏露地	湘研21号、湘抗33、红秀八号	6月上	7月上	（35~40）×（55~60）	8月下~10月	3000	40~50
	秋露地	红秀八号、鼎秀红	7月上	8月上	（35~40）×（55~60）	9月下~11月	3000	40~50

二、有机辣椒春露地栽培

1. 播种育苗

（1）营养土配制　播种床选用烤晒过筛园土1/3，腐熟猪粪渣1/3，炭化谷壳1/3，充分混匀。分苗床选用园土2/4，猪粪渣1/4，炭化谷壳1/4。

（2）种子处理　种子消毒宜使用温汤浸种和干热处理（图1-11）。即先晒种2~3天，再将种子浸入55℃温水，经15 min，再用常温水继续浸泡5~6h，

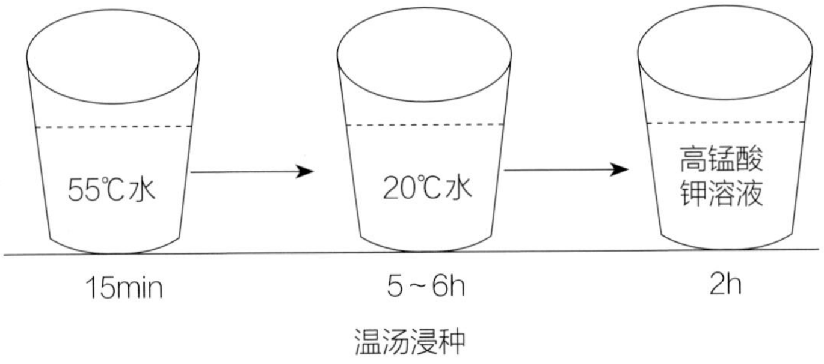

图1-11　辣椒温汤浸种图示

再用高锰酸钾300倍液浸泡2h、或木醋液200倍液浸泡3h、或石灰水100倍液浸泡1h、或硫酸铜100倍液浸泡1h。浸后用清水洗净，捞出沥干后，置25～30℃条件下的简易催芽器中催芽。一般3～4d，约70%的种子破嘴时播种。在个别种子破嘴时，置0℃左右低温下锻炼7～8h后再继续催芽，可提高抗寒性。

（3）育苗基质消毒　采用营养基质（图1-12）穴盘育苗的，育苗基质宜于播种前3～5d，用木醋液50倍液进行苗床喷洒，盖地膜或塑料薄膜密闭；或用硫黄（$0.5kg/m^3$）与基质混匀，盖塑料薄膜密封。不应使用禁用物质处理育苗基质。

（4）播种　撒播苗床（图1-13）每平方米播种150～200g，先浇足底水，待水下渗后，耙松表土，均匀播种，盖消毒过筛细土1～2cm厚，薄洒一层压籽水，塌地盖薄膜，并弓起小拱棚，闭棚。基质育苗每平方米播种5～6g，穴盘宜选用50孔穴盘（图1-14）。

（5）苗期管理　播后至幼苗出土期：白天28～30℃，夜间18℃左右，床温20℃，闭棚，70%幼苗出土后去掉塌地薄膜。

破心期：白天20～25℃，夜间15～16℃，床温18℃，注意防

图1-12　育苗基质

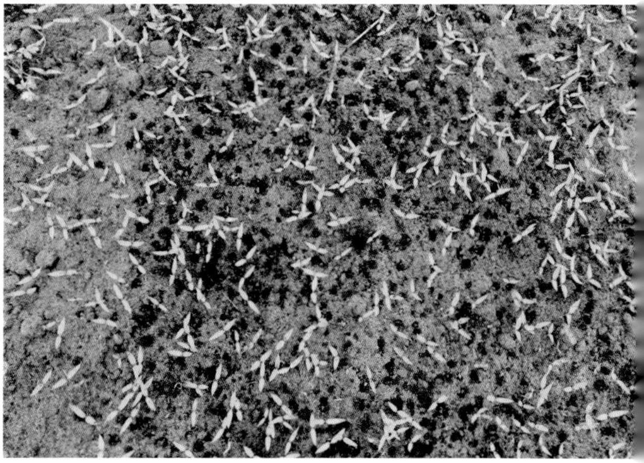

图1-13　撒播苗床播种出苗情况

图1-14　50孔穴盘

止夜间低温冻害，并在不受冻害的前提下加强光照，控制浇水，使床土“露白”（图1-15）。

破心后至分苗期：床温19～20℃，晴朗天气多通风见光，维持床土表面呈半干半湿状态，“露白”前及时浇水。床土湿度过大，可撒干细土或干草木灰吸潮（图1-16），并适当进行通风换气。分苗前3～4d适当炼苗，白天加强通风，夜间温度13～15℃。

苗龄30～35d，3～4片真叶时，选晴朗天气的上午10:00至下午3:00及时分苗，间距7～8cm。分苗宜浅（图1-17）。分苗时先浇湿苗床，分苗深度以露出子叶1cm为准，速浇压根水，盖严小拱棚和大棚膜促缓苗，晴天在小拱棚上盖遮阳网。最好用营养钵分苗（图1-18）。

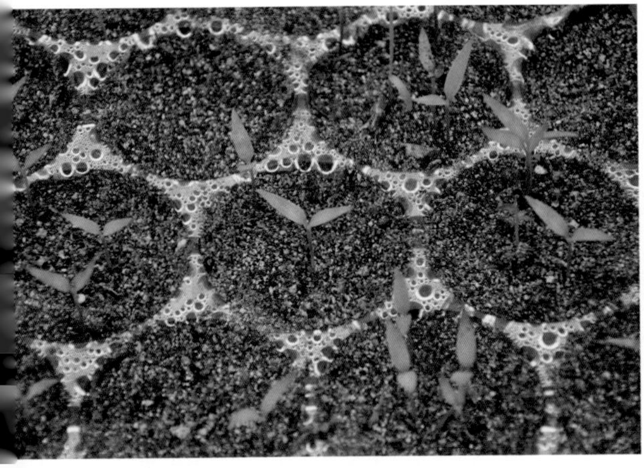

图1-15　穴播苗盘出苗情况

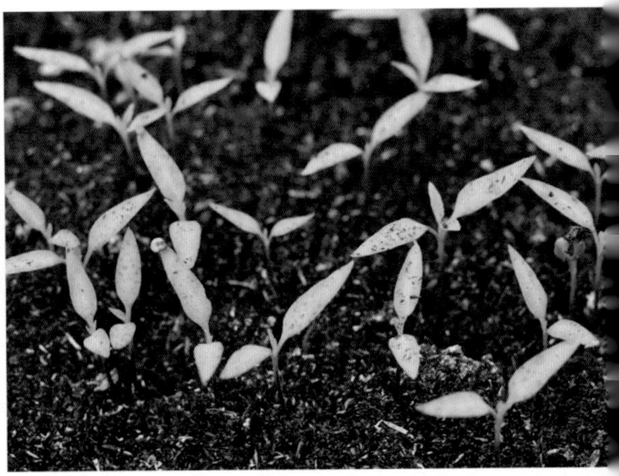

图1-16　辣椒苗床湿度过大撒草木灰降湿

图1-17　分苗假植的辣椒苗

图1-18　辣椒营养钵分苗

（6）分苗床管理　缓苗期：地温18～20℃，日温25～30℃，加强覆盖，提高空气相对湿度。

旺盛生长期：加强揭盖，适当降温2～3℃，每隔7d结合浇水喷一次0.2%的有机营养液，用营养钵排苗的，应维持床土表面呈半干半湿状态，防止"露白"。即使是阴雨天气也要于中午短时通风1～2h。定植前7d炼苗，夜温降至13～15℃，控制水分和逐步增大通风量。

图1-19　适宜定植的辣椒穴盘苗

（7）壮苗标准　株高15cm左右，茎粗0.4cm以上，8～10片真叶，叶色浓绿，90%以上的秧苗已现蕾，根系发育良好，无锈根，无病虫害和机械损伤（图1-19）。

图1-20　紫云英

2. 轮作计划

有机辣椒栽培地块应合理安排茬口，科学轮作，应与非茄科蔬菜或豆科作物或绿肥（图1-20）在内的至少3种作物实行3～5年轮作。前茬为各种叶菜、根菜、葱蒜类蔬菜，后茬也可以是各种叶菜类和根菜类，还可与短秆作物或绿叶蔬菜间、套种，如与毛豆、甘蓝、球茎茴香、葱、蒜等隔畦间作。

3. 有机肥料准备

应使用主要源于家庭或有机农场（或畜场）的有机肥料（图1-21、图1-22），具体分为以下几种：经高温发酵无害化处理后的农家肥，如堆肥、厩肥（图1-23）、沤肥（图1-24）、沼肥（图1-25）、作物秸秆、泥肥、饼肥（图1-26）等；生物菌肥，如腐殖酸类肥料、根瘤菌肥料、复合微生物肥料等；绿肥，如草木樨、紫云英、紫花苜蓿等；草木灰等；腐熟的蘑菇培养料（图1-27）和蚯蚓培养基质；矿物质肥，包括钾矿粉、磷矿粉、氯化钙等物质。另外，还包括通过了有机认证机构认证的有机专用肥和部分微生物肥料等。叶面

图1-21　有机肥提供场所——猪场

图1-22　有机肥料提供场所——鸡场

图1-23　菜地施用的家庭自制有机堆肥

图1-24　人粪尿无害化处理池

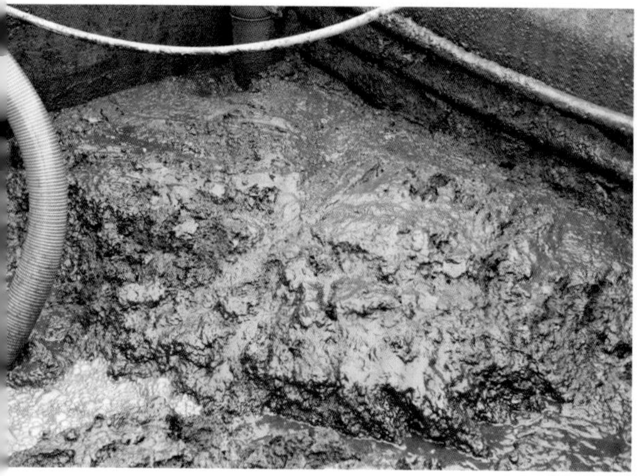

图1-25　沼渣肥

图1-26　茶饼肥

施用的肥料有腐殖酸肥、微生物菌肥（图1-28）及其他生物叶面专用肥等。

有机肥料应在施用前2个月进行无害化处理，将肥料泼水拌湿、堆积、盖严塑料膜，使其充分发酵腐熟。发酵期堆内温度高达60℃以上，以有效地杀灭肥料中带有的病菌、虫卵、草种等（本书所涉及所有蔬菜栽培的有机肥料准备工作与此相同，不再另行叙述）。

图1-27　大棚香菇棒图

4. 整土施肥

应选择含有机质多、土层深厚、保水保肥力强、排水良好、2～3年内未种过茄科作物的壤土作栽培土。水旱轮作，及早冬耕冻土，挖好围沟、腰沟、畦沟。当前茬作物收获后，及时清除残茬和杂草，深翻炕土（图1-29），整地作畦。黏重水稻田栽辣椒，最底层土块通常大如手掌，切忌湿土整地。

图1-28　微生物菌肥

长江流域雨水较多，宜采用深

图1-29　深翻土壤

图1-30　人工整土作畦

图1-31　施生石灰

图1-32　辣椒移栽

沟高畦栽培。沟深15～25cm，宽20～30cm，畦面宽1.1～1.3m（包沟）。地膜覆盖栽培要深耕细耙，畦土平整。定植前7～10d，整地作畦（图1-30）。

施足基肥（占总用肥量的70%～80%）。一般每亩施腐熟有机肥2500kg，或腐熟大豆饼肥100～130kg，或腐熟花生饼肥150kg，另加磷矿粉40kg及钾矿粉20kg。其中，饼肥不应使用经化学方法加工的，磷矿石为天然来源且镉含量≤90mg/kg的五氧化二磷，钾矿粉为天然来源且未经化学方法浓缩、氯含量<60%。另外，宜每3年施一次生石灰（图1-31），每次每亩施用75～100kg。

5. 及时定植

一般春季定植于10cm地温稳定在10～12℃时进行，长江流域早熟品种于3月下旬至4月上旬，晴天定植（图1-32）。株行距，早熟品种0.4m×0.5m，可栽双株，中熟品种0.5m×0.6m，晚熟品种0.5m×0.6m。

地膜覆盖栽培定植时间只能比露地早5～7d，有先铺膜后定植和先定植后铺膜两种方式。

6. 田间管理

（1）中耕培土　成活后及时中耕2～3次（图1-33），封行前大中耕一次，深及底土，粗如碗大，此后只行锄草，不再中耕。早熟品种可平畦栽植，中、晚熟品种要先行沟栽，随植株生长逐步培土。

图1-33　辣椒地中耕松土效果图

地膜覆盖的不进行中耕，中、晚熟品种，生长后期应插扦固定植株（图1-34）。

图1-34　地膜覆盖栽培为防植株倒伏应立支架固定植株

（2）追肥　在秧苗返青期，可勤施清淡腐熟猪粪尿水（图1-35），促进植株生长发育，不宜多施人粪尿。

图1-35　辣椒苗期追施肥水效果图

定植成活后至开花结果前，应控制肥水的施用，进行蹲苗。如土壤水分不足，可浇少量淡粪水。

开花结果盛期，对肥水需求量较大，在行间开窝，重施浓度为60%的腐熟猪粪尿水1～2次，也可在垄间距植株茎基部10cm挖坑埋施饼肥，施后用土盖严。在结果后期追施浓度为30%的人畜粪水防止早衰。追肥宜条施或穴施，施肥后覆土，并浇水。施用沼液时宜灌水进行沟施或喷施。采收前10d应停止追肥。不应使用禁用物质，如化肥、植物生长调节剂等。

（3）灌溉　6月下旬进入高温干旱可进行沟灌，灌水前要除草追肥，且要看准天气才灌。要午夜起灌进，天亮前排出，灌水时间尽可能缩短，进水要快，湿透心土后即排出，不能久渍。灌水逐次加深，第一次齐沟深1/3，第二次1/2，第三次可近土面，但不可漫过土面。每次灌水相隔10～15d，以底土不现干、土面不龟裂为准。地膜覆盖栽培，定植后，在生长前期灌水量比露地小，中后期灌水量和次数稍多于露地。

（4）地面覆盖　高温干旱前，利用稻草或秸秆等在畦面覆盖一层，起保水保肥、防止杂草丛生的作用，一般在6月份雨季结束，辣椒已封行后进行，覆盖厚度为4～6cm。

（5）植株调整　在辣椒营养生长期分化出的叶片，作为同化器官对果实的形成和植株的健壮生长十分重要。一般当辣椒开花时，就要将门椒以下的侧枝连同主干上的叶片一起摘除（图1-36），对于株型较小的辣椒，以后一般不再整枝打杈。对于过细的侧枝和下部老叶可剪除。炎热季节，植株生长茂盛时，注意剪去多余枝条或已结过果的枝条，并疏去病叶、病果。

图1-36　辣椒整枝

（6）保花保果　在不适宜辣椒坐果的季节，采用人工辅助授粉、振荡授粉器辅助授粉、雄蜂授粉等技术，可显著提高坐果率。

7. 及时采收

青椒一般在开花后25d左右，果皮变绿色，果实较坚硬，且皮色光亮的嫩果期采收（图1-37）。早熟品种5月上旬始收，中熟品种6月上旬始收，晚熟品种6月下旬始收。

图1-37　嫩果期采收的青椒产品

三、有机辣椒夏秋露地栽培

夏秋辣椒的上市期主要是9、10月份，可起到“补秋淡”的作用。

1. 品种选用

选用耐热、耐湿、抗病毒病能力强的中、晚熟品种（图1-38）。

2. 培育壮苗

从播种育苗到开花结果需要60～80d，在与夏收作物接茬时，可根据上茬作物腾茬时间、所用品种的熟期等，向前推70d左右开始播种育苗，一般在6月上旬播种。苗床设在露地，采用一次播种育成苗的方法，可选用前茬为瓜豆菜或其他旱作物、排灌两便的地段作苗床，床宽1～1.2m，每0.1亩（1亩=667m^2）苗床施腐熟厩肥200kg、火土灰100kg、石灰10kg，浅翻入土，倒匀，灌透水，第二天按10cm×10cm规格用刀把床土切成方块。种子可采用0.1%高锰酸钾等药剂浸种消毒，捞出洗净后即可播种，不必催芽，将种子点播在营养土块中间，苗期保证水分供应，防止因缺水影响秧苗正常生长或发生病毒病。前期温度低可采用小拱棚覆盖保温，温度高时可在苗床上搭设1.2m高的遮阳网（图1-39），遇大雨，棚上加盖农膜防雨。有条件的也可采用穴盘育苗，成苗率高。

图1-38　选用优质辣椒品种

图1-39　苗床拱遮阳网示意图

3. 整地定植

上茬作物收获后及时灭茬施肥，每亩施优质农家肥4000～5000kg，另加磷矿粉40kg及钾矿粉20kg。耕翻整地，起垄或作成小高畦。采用大小行种植，大行距70～80cm，小行距50cm，穴距33～40cm，每穴1株。选阴天或晴天的傍晚定植，

图1-40　起苗时多带土

起苗前的一天给苗床浇水，起苗时尽量多带宿根土（图1-40），随栽随覆土并浇水。缓苗前还需再浇2次水。

4．田间管理

（1）遮阴　7、8月温度高，最好覆盖遮阳网，在田间搭若干1.6m左右高的杆，将遮阳网固定在杆上，9月中旬前后可撤去遮阳网。有条件的，可在定植后在畦上覆盖5～7cm厚的稻草，可降低地温、保墒，防止地面长草。

（2）追肥　缓苗后立即进行一次追肥浇水，每亩追施腐熟人粪尿1500kg，顺水冲施。门椒坐果后追第二次肥，每亩冲施腐熟的人粪尿2500kg，结果盛期再追肥1～2次，用量同第二次。

（3）浇水　坐果前适当控水，做到地面有湿有干，开花结果后要适时浇水，保持地面湿润，注意水不能溢到畦面，及时排干余水。7～8月温度高，浇水要在早、晚进行。遇有降雨田间发生积水时，要随时排除。遭遇“热闷雨”时，要随之浇井水，小水快浇，随浇随排。降雨多时土壤易板结，要进行划锄。

四、有机辣椒家庭盆栽

普通辣椒非常适宜于家庭盆栽，可放在露台、屋顶、阳台、窗台上，作为观赏盆栽的同时，还能食用。可将其播种在花盆里，2～3片真叶时分苗，每个容器分2株，也可直接播种不必育苗。春季在宅旁、屋顶、露台定植的，必须在终霜后进行。6月中旬后陆续采收，每平方米产量1～1.5kg。

观赏辣椒，既可观赏又可食用，其果实形状奇特、色彩斑斓，株型小巧玲珑，极具观赏性。观赏辣椒以观果为主，果实呈罐状、铃形、桃形、球形、牛角形、羊角形等。适合盆栽的观赏辣椒，以株型紧凑、果实繁多、果形独特、果色艳丽为衡量标准。极具观赏性的盆栽品种有风铃观赏椒、梦都莎观赏椒、彩珠椒、彩星椒、紫簇椒、阳光五彩椒、红鹰五彩椒（图1-41）、迷你鹰五彩椒等。

1. **播种育苗**

采用50～55℃温汤浸种，并连续搅拌，待温度自然降低后，用温水冲洗掉附在种子上的黏液，浸泡24h，捞出后即可播种于穴盘（图1-42）。观赏辣椒苗期长，应选择较大的穴盘（55孔或78孔），每穴播种2粒。浇透水，再覆盖一层薄膜，出苗后将薄膜撤去。当基质缺水时及时洒水，每次都要浇透。当幼苗2片真叶时分苗、定苗，每穴只留1株，或用营养钵分苗（图1-43）。喷施0.5%磷酸二氢钾或叶面肥，增加幼苗营养，培育壮苗。

2. **上盆定植**

观赏辣椒5～7片真叶、苗龄2个月时，即可上盆。选择规格为（25～30）cm×（25～30）cm的花盆，每盆定植1株健壮幼苗（图1-44）。基质选用混合作物秸秆腐熟物与园土按1：1（体积比）混合配制。定植前先将基质淋透水，栽苗不

图1-41　盆栽五彩椒

图1-42　穴盘育苗用于盆栽

图1-43　辣椒苗营养钵分苗

图1-44　辣椒苗盆栽定植

要太深，覆盖根系即可，定植后浇足定植水。

3. 肥水管理

定植后7d浇一次1%有机肥水溶液，促进植株生长，以后视植株情况及时浇水。

4. 采收及秋后管理

观赏辣椒一般以观赏为主，但过分老熟时果实干枯，影响美观，应在果实成熟、颜色红艳时进行采摘。在冬末，可剪去老枝，积蓄养分，翌年春季可萌发新枝，继续开花结果，延长观赏寿命。

五、有机辣椒病虫害综合防治

1. 农业防治

冬耕冬灌，冬季白茬土在大地封冻前进行深中耕，有条件的耕后灌水，能提高越冬蛹、虫卵死亡率。

幼苗期，育苗用无病苗床、苗土，培育无病壮苗，露地育苗苗床要盖防虫网，防止蚜虫、潜叶蝇、粉虱进入为害传毒，出苗后要撒干土或草木灰填缝。加强苗期温湿度管理，改善和改进育苗条件和方法，选择排水良好的地块作苗床，施入的有机肥要充分腐熟，采用营养钵育苗、基质育苗，出苗后尽可能少浇水，发现病株及时拔出销毁。在苗床内喷1～2次等量式波尔多液。苗期施用艾格里微生物肥，有利于增强光合作用和抗病毒病能力。

定植至结果期，选无病壮苗，高畦栽培，合理密植。施足腐熟有机肥，定植后注意松土、及时追肥，促进根系发育。定植缓苗后，每10～15d用等量式波尔多液喷雾。盖地膜可减轻前期发病（图1-45）。及时摘除病叶、病花、病果，拔除病株深埋或烧毁，决不可弃于田间或水渠内。及时铲除田边杂草、野菜。控制浇水，不要大水漫灌，提倡适时灌水，按墒情浇水，减少灌水次数，田间出现零星病株后，要控水防病。

图1-45　辣椒地膜加小拱棚覆盖栽培

2. 实行轮作

与非茄科作物实行3年以上轮作。

3. 种子处理

选用抗病、耐病、高产优质的品种，各地的主要病虫害各异，种植方式不同，选用抗病虫品种要因地制宜，灵活掌握。种子消毒，可选用1%高锰酸钾溶液浸种20min，或1%硫酸铜液浸种5min。浸种后均用清水冲洗干净再催芽，然后播种。用10亿个/g枯草芽孢杆菌可湿性粉剂拌种（用药量为种子质量的0.3%～0.5%），可防止枯萎病。

4. 物理防治

田间插黄板（图1-46）或挂黄条诱杀蚜虫、粉虱、斑潜蝇。在害虫卵盛期撒施草木灰，重点撒在嫩尖、嫩叶、花蕾上，每亩撒灰20kg，可减少害虫卵量。

5. 生物防治

防治棉铃虫、烟青虫（图1-47、图1-48），喷施2000单位的苏云金杆菌乳剂500倍液，或喷施多角体病毒，如棉铃虫核型多角体病毒等，与苏云金杆菌配合施用效果好。或用7.5%鱼藤酮乳油1500倍液、0.3%苦参碱水剂400～600倍液、0.5%藜芦碱

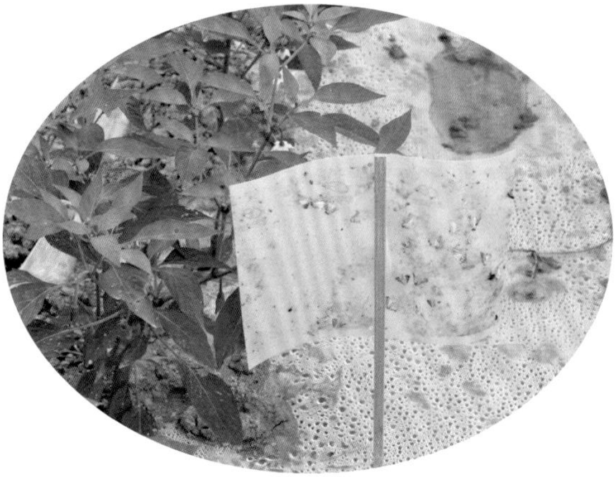

图1-46 辣椒田间插黄板

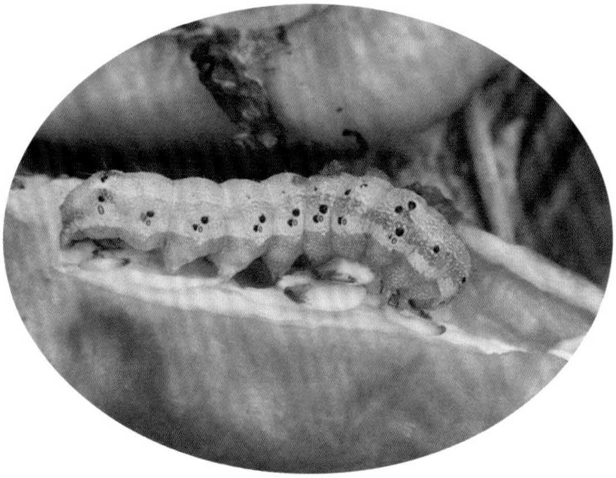

图1-47 棉铃虫幼虫为害辣椒果实

图1-48 烟青虫幼虫为害青椒

可溶液剂800～1000倍液喷雾。

防治蚜虫（图1-49），用7.5%鱼藤酮乳油1500倍液、0.3%苦参碱水剂400～600倍液喷雾。也可用辣椒水进行喷撒防治，辣椒水的制作方法是用10g红干椒（越辣越好）加水1000mL，煮沸15min，晾凉后喷撒使用。

图1-49　蚜虫为害辣椒花蕾

防治白粉虱（图1-50），用0.3%苦参碱水剂400～600倍液喷雾。

图1-50　白粉虱危害辣椒叶片

茶黄螨可为害辣椒果实（图1-51），尼氏钝绥螨、德氏钝绥螨、具瘤长须螨、冲蝇钝绥螨、畸螨对茶黄螨有明显的抑制作用（图1-52），此外，蜘蛛、捕食性蓟马、小花蝽、蚂蚁等天敌也对茶黄螨具有一定的控制作用，应加以保护利用。还可选用生物制剂如0.3%印楝素乳油800～1000倍液、2.5%羊金花生物碱水剂500倍液、45%硫黄胶悬剂300倍液、99%机油（矿物油）乳剂200～300倍液、1%苦参碱2号可溶性液剂1200倍液、1.2%烟碱·苦参碱乳油1000～1200倍液、10%浏阳霉素乳油1000～2000倍液等喷雾防治。

图1-51　茶黄螨危害辣椒果实

防治辣椒蓟马（图1-53）。田间蓟马开始发生，虫口数量较少时开始使用，一直到收获结束，连续使用3～4个月。可选用0.3%

图1-52　辣椒田释放捕食螨防治茶黄螨

图1-53　蓟马为害辣椒花器

印楝素乳油800倍液，或0.36%苦参碱水剂400倍液、2.5%鱼藤酮乳油500倍液等生物药剂喷雾防治。

防治辣椒立枯病（图1-54），育苗时，每平方米用10^8cfu/g健根宝可湿性粉剂10g与15～20kg细土混匀，1/3撒于种子底部，2/3覆于种子上面，可预防辣椒猝倒病和立枯病。或用5%井冈霉素水剂1500倍液喷淋植株根茎部。

图1-54　辣椒立枯病

防治辣椒青枯病（图1-55），在播种前用0.5%氨基寡糖素水剂400～500倍液浸种6h。田间发病，可用0.5%氨基寡糖素水剂400～600倍液灌根。从发病初期开始灌根，10～15d后需要再灌一次。一般使用8亿活芽孢/g蜡质芽孢杆菌可湿性粉剂80～120倍液，或20亿活芽孢/g蜡质芽孢杆菌可湿性粉剂200～300倍液，每株需要灌药液

图1-55　辣椒青枯病茎维管束变褐

150～250mL。

防治辣椒根腐病、枯萎病（图1-56）、白绢病（图1-57），在播种前用0.5%氨基寡糖素水剂400～500倍液浸种6h。田间发病，可用0.5%氨基寡糖素水剂400～600倍液灌根，或用0.3%丁子香酚可溶性液剂1000～1500倍液喷雾。

分苗时，每100g 10^8cfu/g健根宝可湿性粉剂对营养土100～150kg，混拌均匀后分苗。定植时，每100g 10^8cfu/g健根宝可湿性粉剂对细土150～200kg，混匀后每穴撒100g。进入坐果期，每100g 10^8cfu/g健根宝可湿性粉剂对水45kg灌根，每株灌250～300mL，可防治辣椒枯萎病和根腐病。

在辣椒苗定植时，每亩用1.5亿活孢子/g木霉菌可湿性粉剂100g，再与

图1-56 辣椒枯萎病湿度大时现白色霉状

图1-57 辣椒茎基部白绢病后期呈褐色菜籽状菌核

图1-58 辣椒病毒病叶片发病状

图1-59 辣椒白粉病病叶

1.25kg米糠混拌均匀，把幼苗根部蘸上菌糠后栽苗。或在田间初发病时，用1.5亿活孢子/g木霉菌可湿性粉剂600倍液灌根，可防治辣椒枯萎病。或用1亿活孢子/g木霉菌水分散粒剂1500～2000倍液，每株灌250mL药液，灌后及时覆土。

每亩用10亿个/g枯草芽孢杆菌可湿性粉剂200～300g灌根处理，可防治枯萎病。用2%嘧啶核苷类抗菌素水剂130～200倍液灌根，每株灌0.25kg，隔5d再灌一次，重病株可连灌3～4次，等药液渗完后，再将土覆盖好，可防治辣椒枯萎病。

防治辣椒病毒病（图1-58），在播种前用0.5%氨基寡糖素水剂400～500倍液浸种6h。发病初期用高锰酸钾800倍液，每隔5～7d喷一次，连喷3～4次。

防治辣椒白粉病（图1-59），用2%武夷菌素水剂200倍液、30%石硫固体合剂150倍液喷雾。

防治辣椒炭疽病（图1-60），用2%嘧啶核苷类抗菌素水剂200倍液喷雾。

防治辣椒褐斑病、叶斑病、霜霉病、黑斑病、炭疽病、叶枯病、疮痂病（图1-61），用1∶1∶200波尔多液，或77%氢氧化铜可湿性粉剂400～500倍液喷雾。

防治种传甜（辣）椒的疫病（图1-62）、炭疽病、疮痂病、细菌

图1-60　辣椒炭疽病病果惨状

图1-61　辣椒疮痂病田间发病株

图1-62　辣椒疫病植株发病状

性叶斑病，先用清水浸泡种子10～12h后，再用1%硫酸铜溶液浸种5min，捞出拌少量草木灰。

用乙蒜素辣椒专用型2500～3000倍液叶面喷洒可预防多种辣椒病害发生，促进植物生长，提高作物品质。用乙蒜素辣椒专用型1500～2000倍稀释液于发病初期均匀喷雾，重病区隔5～7d再喷一次，可有效控制辣椒病害的发展，并使其恢复正常生长。

有机 黄瓜 栽·培·技·术

图2-1 黄瓜植株

一、黄瓜概况

1. 品种名称

黄瓜（图2-1），别名王瓜、胡瓜、青瓜、刺瓜、勤瓜、唐瓜、吊瓜等。

2. 类别

葫芦科甜瓜属、幼果具刺的栽培种，一年生攀缘性草本植物。

3. 食疗价值

富含维生素A、维生素C以及多种有益矿物质。以果实供食，色泽翠绿，甜脆多汁，清香爽口，既可鲜食，也可凉拌、炒食、汤食、做泡菜（图2-2）、盐渍、糖渍、制干（图2-3）、制罐等。还具药用价值，具有清热、解毒、利尿等功效，是润肌、防皱、祛斑的美容瓜果，具有减肥降脂、瘦身健美的功效，是糖尿病患者的康复佳品，具有保肝、预防酒精中毒的功效，是利尿消肿、排除毒素的佳蔬，黄瓜的头部味苦，能起抗肿瘤作用。

图2-2 泡黄瓜

4. 产品图例

黄瓜的品种类型，按品种的分布区域及其生态学性状，分为南亚型黄瓜、华南型黄瓜（图2-4）、华北型黄瓜（如津研、津杂系列黄瓜品种，图2-5）、欧美型露地黄瓜、北欧型温室黄瓜及小型黄瓜（如扬州乳黄瓜等，图2-6）。

图2-3 黄瓜干

5. 黄瓜对环境条件的要求

（1）温度　黄瓜是典型的喜温短日照植物。黄瓜生长发育所要求的温度条件因不同的生育阶段而有所不同。在田间自然条件下，以15～32℃为宜。其种子发芽适温为27～29℃。植株生长发育适温，幼苗期白天22～25℃，夜间

图2-4　华南型黄瓜果实

图2-5　津研黄瓜果实

图2-6　水果黄瓜果实

15～18℃，开花结果期（图2-7）白天25～29℃，夜间18～22℃。

根系适宜地温的范围与适宜夜温相近。最适地温为20～25℃，低于20℃根系活动减弱。当地温下降至12～13℃时根系停止生长，但高于25℃时呼吸增强，易引起根系衰弱死亡。白天光合作用适温为25～32℃，32℃以上时呼吸量加大，净同化效率下降。最高温度达35℃时为光合作用补偿点，超过35℃时，破坏了光合作用与呼吸作用平衡，导致生理失调，同化作用效率下降，易形成苦味瓜。温度持续45℃以上时，叶片失绿，雄花不开花，花粉发芽不良，出现畸形果（图2-8）。黄瓜不耐寒，温度低于适宜温度范围亦对黄瓜的生长发育产生不良影响。10～13℃时易引起生理活动紊乱，停止生长，4℃时受冷害，表现为生长延迟和生理障碍等，0℃时引起植株冻害。

（2）光照　黄瓜对日照长短的要求因生态环境不同而有差异，在低温、短日照条件下，雌花出现早而多，9～10℃的低夜温和8h的短日照有利于雌花花芽的分化。黄瓜是果菜类蔬菜中耐弱光的一种，是保护地蔬菜生产的主要品种，只要满足了温度条件，冬季也可以进行种植。但是一般由于冬季日照时间短，光照弱，黄瓜生长比较缓慢，

图2-7　黄瓜开花结瓜期

图2-8　畸形瓜

产量较低。炎热夏季光照过强，也不利于植株正常生长。一般生产上夏季采用遮阳网（图2-9），冬春季覆盖无滴膜，都是为了调节光照，促进黄瓜正常生长发育。

（3）水分　黄瓜对水分极其敏感，喜湿怕旱又怕涝。其根系浅，叶面积大，其所吸收的水分绝大部分通过叶面蒸腾而消耗，以维持植株热量平衡和其他生理功能，如果水分供应不及时，很容易造成“中午缺水性萎蔫”。必须经常浇水才能保证黄瓜正常生长结果。但其吸收能力亦弱，浇水过多（图2-10）又容易造成土壤板结和积水，影响土壤的透气性，不利于植株的生长。特别是早春、晚秋季节种植，土壤温度低、湿度大时极易发生寒根、沤根和猝倒病。在管理上要做到雨天排干积水，晴天勤于淋水。

图2-9　夏秋黄瓜遮阴栽培

图2-10　水分过多黄瓜叶片吐水

黄瓜不同的生育阶段对水分的要求有别。一般浸种催芽要求水分多。苗期要求适当的水分供应，适宜土壤湿度为田间持水量的60%～70%，不能过多，水分多容易发生徒长，但也不能过分控水，否则易形成老化苗。进入抽蔓期特别是结果期要求充足的水分供应，但亦不能过多。适宜土壤湿度为田间持水量的80%～90%，白天的空气相对湿度为80%，夜间空气相对湿度为90%。黄瓜生产中空气湿度高是病害发生的诱因，因此，在黄瓜生产中病害要以预防为主，但不能盲目控制空气湿度。

（4）气体　黄瓜生长适宜的二氧化碳浓度为1000～1500μL/L，低于500μL/L，黄瓜产量受影响。一天内二氧化碳浓度变化很大，下午二氧化碳浓度一般低于500μL/L。当二氧化碳不足时，施二氧化碳肥可显著提高产量。

（5）土壤与肥料　黄瓜适宜于疏松肥沃及中性（pH＝6.5～7.0）的沙壤土中生长，才能获得优质高产。在其他土壤中种植虽能生长，但产量不高，效益不好。黄瓜耐盐碱性差，在pH高的碱性土壤上种植，幼苗容易烧死或发生盐害，而在酸性土壤上种植，易发生多种生理障碍（图2-11），植株黄化枯萎，尤其在连作的情况更差，易发生枯萎病。黄瓜根系呼吸强度较大，需氧量较高，为土壤含氧量的10%。

图2-11　在酸化和盐渍害土壤中黄瓜长势不佳易发病害

黄瓜对三大营养要素的吸收量以钾最多，其次是氮，磷最少。施足基肥是稳产高产的关键之一。黄瓜对基肥反应良好，在整地时，深耕增施腐熟有机肥，以改良土壤，提高肥力。植株出现2～3片真叶时，开始追肥，以促进蔓叶生长和开花结果，苗期施用磷肥可以起到培育壮苗的作用。但由于黄瓜根系吸收能力弱，对高浓度肥料反应敏感，所以追肥以勤施、薄施为原则，结果期每隔6～8d追肥1次，以促进植株的生长从而延长结果期。

6. 栽培季节及茬口安排

有机黄瓜家庭生产茬口安排见表2。

表2 有机黄瓜家庭生产茬口安排（长江流域）

种类	栽培方式	建议品种	播期	定植期	株行距/（cm×cm）	采收期	亩产量/kg	亩用种量/g
黄瓜	春露地	津研4号、津优1号、津春4号、9号	2月中下～3月	3月下～4月	20×60	5～7月	2000	100～150
	夏露地	津春八号、津优108号、津优40、中农八号	5月～8月上	直播	（20～25）×（55～60）	7～10月	2500	150～200

二、有机黄瓜春露地栽培

春季露地栽培多采用塑料大、中棚或小拱棚播种育苗，终霜后定植于露地，多采用地膜覆盖栽培。

1. 品种选择

露地栽培在完全自然的条件下进行，高温、强光、干热风、暴雨等环境因素变化幅度大，一般要求品种适应性强、苗期耐低温、瓜码密、雌花节位低、节成性好、生长势强、抗病、较早熟、优质、高产，适宜当地栽培和市场要求。

2. 育苗移栽

露地黄瓜播种期应在当地断霜前35～40d。在长江流域一般从2月中下旬至3月育苗，育苗前期低温，后期温暖，要加强农膜和不透明覆盖物的管理。

（1）种子（图2-12）处理　首先清水漂去瘪籽，浸泡30min，然后进行种子消毒。黄瓜种子消毒可采用温汤浸种，也可采用药剂浸种。温汤浸种是用种子体积5倍的55℃温水浸种，边搅拌边注入更高温度的温水，以保持水温，10～15min后让水温自然降低到25～30℃继续浸种。

图2-12 黄瓜种子

图2-13 配制育苗营养土

图2-14 黄瓜穴盘育苗

药剂浸种则先将种子用清水浸泡2～3h，使种子表面病菌开始萌发生长，以提高药剂的杀菌效果。然后用1%高锰酸钾液或10%硫酸铜浸种10～30min，之后用凉开水冲洗干净，继续浸种。浸种时间为3～4h，使种子充分吸水，然后用湿的纱布或毛巾包好在瓦盆或瓮内，保持25～28℃催芽。每天用温水冲洗一次，一般两昼夜可发芽。

（2）营养土制备　营养土（图2-13）可用未种过瓜类的肥沃无病表土，掺入30%EM有机肥，充分混匀来配制。也可用草炭与蛭石以3：1的比例混匀，然后在每方营养土中加鸡粪10kg、沼渣10kg配制。

用3～5度石硫合剂，或晶体石硫合剂100倍液，或高锰酸钾100倍液，或木醋液50倍液，喷洒消毒，用塑料膜密闭堆制。在播前10～15d翻开过筛，调节pH值。之后，将营养土装入营养钵或育苗盘。

（3）播种方式　点播催好芽的种子，每钵（穴）1粒，上覆1cm厚的营养土，浇透水，覆膜，放入苗床。营养钵、穴盘育苗（图2-14）具有移栽不伤根作用，无缓苗期，便于集中管理，能有效地防止不利气候条件的影响。气温高时，也可直播。采用点播方法，每穴点3～4粒，再盖土、浇水、覆膜。

（4）苗期管理　播种至出土，

保持白天温度25～30℃，夜温16～18℃，此期应注意防止有轻微的霜冻出现。出苗后至炼苗期，白天25～28℃，夜间14～15℃。定植前5～7d进行炼苗，白天降到20～23℃，夜间10～12℃，逐渐撤除塑料薄膜，使之处于露地条件下，提高适应能力。一般不施肥水，发现秧苗较弱时，可叶面喷雾有机营养液肥1～2次。在浇足底水的情况下，后期可视情况进行补水，选晴天上午喷淋20℃以上的温水，切忌大水漫灌。

3. 整地施肥

选择3年以上没有种植瓜类的地块，要求土壤肥沃、透气性良好、能灌水、排水。深耕25～30cm，结合翻耕施基肥，一般每亩施优质腐熟圈肥5000kg，饼肥100kg，磷矿粉40～50kg，钾矿粉20kg。耙平，做成宽1.2～1.3m的高畦。

4. 定植

早春露地黄瓜定植应在10cm地温稳定在13℃以上时，选寒尾暖头的晴天定植，阴天定植或定植后遇雨对缓苗和生长十分不利，应尽量避免。在长江流域，一般从3月下旬至4月定植。定植不能过密，一般在定植时先在畦内开两条沟，施上肥掺匀后，按20～25cm的株距定植（图2-15），一垄双行，每亩栽3500～4000株。

移苗要带坨（图2-16），栽植不宜过深，栽后立即浇水，3d后补浇小水，促进缓苗。也可先浇水，在水未渗下时将带坨的秧苗按株距放入沟内，待水渗下后立即封沟。地膜覆盖的因在定植前已浇透水，故多采用开穴点水定植。

图2-15　早春黄瓜地膜覆盖定植

图2-16　穴盘苗带基质定植

5. 田间管理

（1）中耕松土　露地春黄瓜定植后，缓苗期为5d左右。土壤干旱时应浇缓苗水，然后封沟平畦，中耕松土保墒。从黄瓜缓苗后到根瓜坐住，应控制浇水，主要以多次中耕松土保墒、提高地温、促进根系生长为主，即“蹲苗”。出现干旱时也应中耕保墒，不宜浇水。出现雨涝时应及时排水、中耕松土，提高地温。开花前细锄深松土，至根瓜（图2-17）坐住期间要粗锄浅松土，结果盛期以锄草（图2-18）为主。一般要中耕3～4次。

图2-17　根瓜

图2-18　黄瓜田除草

（2）追施肥水　在根瓜坐住后追一次肥，双行栽植的可在行间开沟，小畦单行栽植的可在小畦埂两侧开沟追肥，一般每亩施腐熟细大粪干或细鸡粪500kg，与沟土混合后再封沟，也可在畦内撒施100kg草木灰，施后进行划锄、踩实，然后浇水。

结果期要根据植株长势及时追肥，露地黄瓜土壤养分易淋失或蒸发，一次性施肥量过大易导致肥料浪费和污染地下水源，因此在施肥盛期应掌握少施勤施的原则，一般7～8d追肥一次，每亩追施腐熟人粪尿300kg左右。后期为了防止植株脱肥，还可叶面喷施有机营养液肥。

一般在定植时浇透水的情况下，前期吸收水少，不需浇水。根瓜坐住后，可结合第一次追肥浇催果水。

在根瓜采收后，要加强浇水，但应小水勤浇，保持地面见干见湿即可，不能一次性浇大水或因等天气下雨而不浇水，一般每隔5～7d浇一次水。结果盛期需水较多，应每隔3～5d浇一次水，浇水量相对较大。结瓜后期适当减少浇水量。每次浇水时间以清晨或傍晚为佳。

（3）搭架整枝　一般在蔓长25cm左右不能直立生长时，开始搭架、绑蔓。搭架所用架材不宜过低，一般用2.0～2.5m长的竹竿，每株插一竿（图2-19），呈“人”字形搭设花架，插在离瓜秧约8cm远的畦埂一面，这样不至伤瓜。

第一次绑蔓（图2-20）一般在第四片真叶展开甩蔓时进行，以后每长3～4片真叶绑一次。第一次绑蔓可顺蔓直绑，以后绑蔓应绑在瓜下1～2节处，最好在午后茎蔓发软时进行。瓜蔓在架上要分布均匀，采用“S”型弯曲向上绑蔓，可缩短高度，抑制徒长。

当蔓长到架顶时要及时打顶摘心。以主蔓结瓜为主的品种，要将根瓜以下的侧蔓及时抹去。主、侧蔓均结瓜的品种，侧蔓上见瓜后，可在瓜的上方留2片叶子打顶。黄瓜卷须（图2-21）对其生长不起作用，可在每次绑蔓时顺手摘掉。当黄瓜进入结瓜盛期后，可摘除下部的黄叶、老叶及病叶，并携出田外集中烧毁。摘叶时要在叶柄1～2cm处剪断，以免损伤茎蔓。

图2-19　黄瓜搭架

图2-20　给黄瓜绑蔓

图2-21　黄瓜卷须

（4）采收　一般授粉后10d左右即可采收。头瓜应早采，选择符合质量标准的黄瓜，在气温较低的清晨采收，采收时不留果柄，轻拿轻放，防止机械损伤并拭去果皮的污物。采收越勤，产量越高。

三、有机黄瓜夏秋露地栽培

夏秋黄瓜露地栽培（图2-22），种植技术简单，无风险，经济效益也较好，但由于受天气影响较大，有时也导致失收。搞好夏秋黄瓜栽培应掌握如下关键技术。

图2-22　黄瓜夏秋露地栽培

1. 品种选择

5月上中旬至6月下旬播种的“夏黄瓜”，选用植株长势强、抗病、耐热、耐涝、丰产的品种。在7月上中旬直播或育苗移栽的“秋黄瓜”，应选用适应性强、苗期较耐高温、结瓜期较耐低温、抗病性较强的品种。

2. 播种

采用浸种催芽播种比干籽点播好，在高畦两边用小锄各开10～12cm宽、10～15cm深的小沟，沟内灌足水，待水将要渗完时，将催好芽的种子，按株距25cm点播3～4粒种芽，覆湿土，然后耧平。若是雨涝天，宜播种后盖沙。播种后遇雨，应用铁锄划松畦面。

3. 整土施肥

选择能灌能排、透气性好的壤土种植。最好能多施腐熟的圈肥、堆肥或粉碎的作物秸秆，一般每亩施腐施农家肥5000～7500kg作基肥，条施饼肥100kg、磷矿粉50kg、钾矿粉20kg。精细整地，做成1.2～1.5cm宽高畦或半高畦。

4. 培育壮苗

直播苗（图2-23）在幼苗出土后抓紧中耕松土。幼苗表现缺水时，及时浇水，配合浇水追施少量提苗肥。雨后地面稍干时，要及时中耕松土和除草。

苗期追肥，应在雨前或浇水前进行，每亩施腐熟粪肥500kg。如雨水过多，土壤养分流失，幼苗表现黄瘦，可结合田间喷药根外追施有机营养液肥。出苗后，为降低地温，可采取覆草（稻草、麦秸等）措施，晴天可使10cm地温降低1～2℃，阴天降低0.5～1.0℃，并能防止土壤板结，减少松土用工。有条件的，还可在架顶覆盖防虫网，既能遮光降温，又能防治地上害虫。

图2-23　黄瓜直播栽培

5. 肥水管理

夏秋露地气温高，土壤水分蒸发快，黄瓜植株蒸腾作用强（图2-24），应注意增加浇水次数，但每次灌水量不宜太大，浇水要在清晨或傍晚进行，最好浇井水，可使10cm地温降低5～7℃。下过热雨后要及时排水，并立即用井水冲灌一遍，俗称“涝浇园”。

图2-24　黄瓜等叶片大的蔬菜抗旱力较弱需经常浇水

根瓜坐瓜后追肥，每亩撒施大粪干或腐熟鸡粪400～500kg，然后中耕。根瓜采收后第二次追肥，以后每采收2～3次追一次肥，每次每亩施人粪尿500kg。

6. 搭架绑蔓

当黄瓜苗长至7～8片叶时，植

株已有20～25cm高，必须及时插架，插架应插篱笆花架，每根竹竿至少与4根竹竿交错（图2-25），有利于瓜蔓遮阴。夏秋黄瓜植株生长较快，要及时绑蔓，下部侧蔓一般不留，中上部侧蔓可酌情多留几叶再摘心。及时打去下部老叶及病叶。此外，夏秋灌水多，易生杂草，应注意及时拔除。

图2-25　黄瓜花架式示意图

四、水果黄瓜盆栽

水果黄瓜（图2-26）又称荷兰微型黄瓜、迷你黄瓜、小黄瓜等。一般3月上旬至4月上旬播种，5月中旬后陆续收获，每平方米产量3kg。

1. 育苗

多采用育苗移栽的方式，家庭最好使用塑料育苗杯（钵）（图2-27）或营养育苗块。自配基质一般将草炭与蛭石以2∶1混合，加入5%的腐熟、细碎、无味的有机肥即可；也可将洁净沙壤土或腐殖土，掺入适量有机肥装钵待用。把干种子或催芽后的种子放于钵内，每钵1～2粒，再盖1～2cm厚的细沙土或蛭石，然后浇透水。亦可使用营养育苗块育苗，在1片真叶时间苗，每钵留苗1株。苗龄35～40d即可定植。

2. 定植

栽培基质可采用5份草炭、4份肥沃园土和1份腐熟、细碎、无味的有机肥混合而成，亦可将草炭与蛭石以2∶1混合，加入5%左右的充分腐熟细碎的麻渣、豆饼等有机肥。春、秋季在晴天上午定植，夏季在晴天下午栽植有利于缓苗和发根，每盆定植1～2株，栽植后及时浇足水。

3. 田间管理（图2-28）

定植时浇足水，心叶见长时浇一次缓苗水，然后轻轻松土一次。之后，植株稍显旱时应及时浇小水，以盆土见干见湿为宜。定植后种植环境白天保持25～30℃，夜间18～20℃，一周缓苗后降温，白天保持23～28℃，夜间15～18℃。结合浇水进行施肥，植株结瓜盛期每浇2～3次水施一次肥。结瓜中后期在根部吸肥力弱时，需结合叶面喷施有机液肥500倍液或0.2%～0.3%磷酸二氢钾溶液。冬季防寒保温，夏季需降温。采用4根竹竿搭成方形架或用铅丝搭成圆形架，高度120～160cm。植株6～8片叶时及时绑蔓，用尼龙绳将蔓环形绑在架上，5片叶以下的幼瓜及早去掉，从第六片叶开始留瓜，及时摘除下部老叶。水果黄瓜从播种到摘瓜60d左右，可以采摘3～4个月。

图2-26　水果黄瓜植株

图2-27　黄瓜营养杯（钵）育苗

图2-28　黄瓜盆栽

五、有机黄瓜病虫害综合防治

黄瓜主要病害有猝倒病、立枯病、霜霉病、白粉病、细菌性角斑病、炭疽病、黑星病、枯萎病、蔓枯病、灰霉病、病毒病、根结线虫病。主要虫害有蚜虫、黄守瓜、叶螨、白粉虱、烟粉虱、潜叶蝇、蓟马等。

1. 合理轮作

进行合理轮作，选择3～5年未种过瓜类及茄果类蔬菜的田块种植，可有效减少枯萎病、根结线虫及白粉虱等病虫源。

2. 土地及棚室处理

消灭土壤中越冬病菌、虫卵，入冬前灌大水，深翻土地，进行冻垡，可有效消灭土壤中有害病菌及害虫。

3. 种子处理

播种前对种子进行消毒处理。可用55℃温水浸种15min。用100万单位硫酸链霉素500倍液浸种2h后洗净催芽可预防细菌性病害。还可进行种子干热处理，将晒干后的种子放进恒温箱中在70℃下处理72h能有效防止种子带菌。

4. 嫁接育苗

采用嫁接育苗（图2-29、图2-30），可防止枯萎病等土传病害的发生。如培育黄瓜，砧木采用黑籽南瓜、南砧1号等。嫁接苗定植，要注意埋土在接口以下，以防止嫁接部位接触土壤产生不定根而受到侵染。

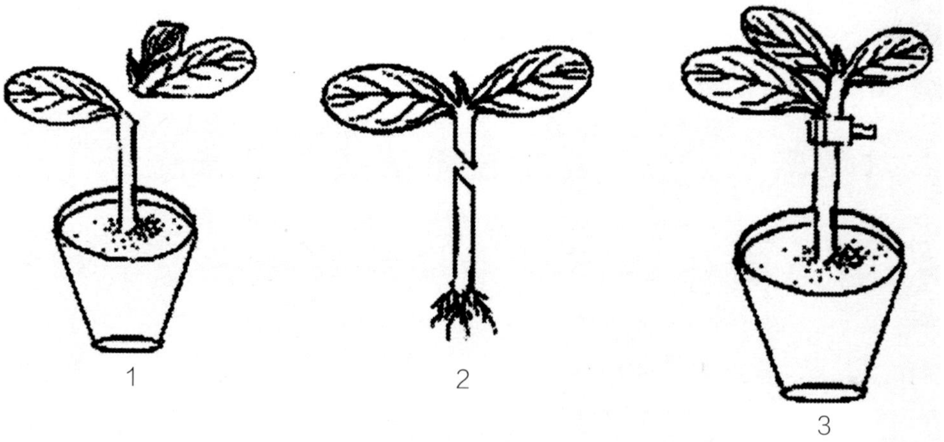

图2-29　黄瓜贴接法操作步骤

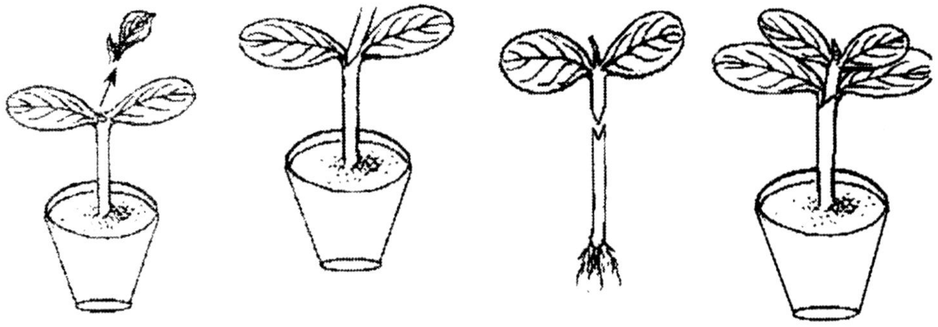

图2-30　黄瓜顶端插接法操作步骤

5. 培育壮苗

育苗床选择未种过瓜类作物的地块，或专门的育苗室。从未种植过瓜类作物和茄果类作物的地块取土，加入腐熟有机肥配制营养土。春季育苗播种前，苗床应浇足底水，苗期可不再浇水，可防止苗期猝倒病、立枯病、炭疽病等的发生。适时通风降湿，加强田间管理，白天增加光照，夜间适当低温，防止幼苗徒长，培育健壮无病、无虫幼苗。苗床张挂环保捕虫板，诱杀害虫。夏季应在具有遮阳、防虫设施的棚室内育苗。

6. 田间管理

定植时，密度不可过大。栽培畦采用地膜覆盖。禁止大水漫灌，高温季节，在清晨或下午傍晚时浇水，采收前7～10d禁止浇水。多施有机肥，增施磷、钾肥，叶面补肥，可快速提高植株抗病力。及时进行植株调整，去掉底部子蔓，增加植株间通风透光性。根据植株长势，控制结瓜数，不多留瓜。

7. 清洁田园

清洁栽培地块前茬作物的残体和田间杂草，进行焚烧或深埋，清理周围环境。栽培期间及时清除田间杂草，整枝后的侧蔓、老叶清理出棚室后掩埋，不为病虫提供寄主，成为下一轮病害发生的侵染源。

8. 物理诱杀

（1）张挂捕虫板　利用有特殊色谱的板质，涂抹黏着剂，诱杀棚室内的蚜虫、斑潜蝇、白粉虱（图2-31）等害虫。可在作物的全生长期使用，其规格有25cm×40cm、13.5cm×25cm、10cm×13.5cm三种，每亩用15～20片。也可铺银灰色地膜（图2-32）或张挂银灰膜膜条进行避蚜。

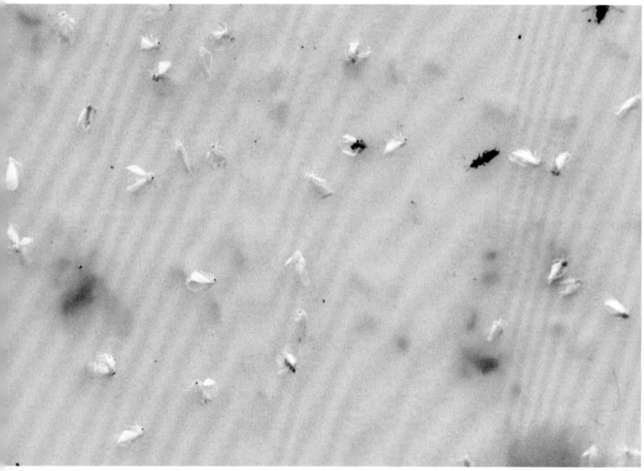

图2-31 黄板诱杀白粉虱

图2-32 银灰膜覆盖栽培黄瓜

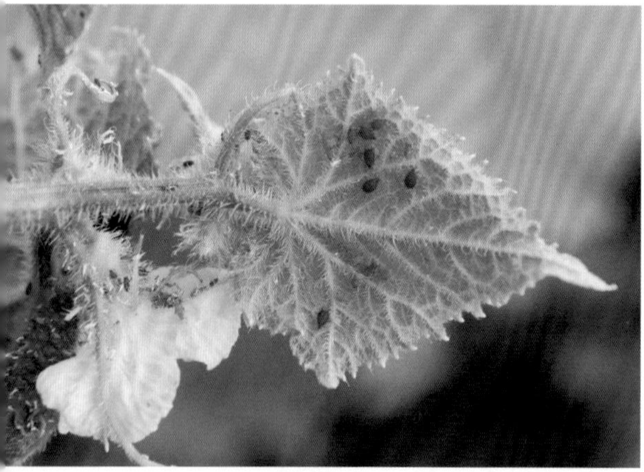

图2-33 瓜蚜为害黄瓜嫩叶

图2-34 黄瓜叶面撒生石灰驱黄足黄守瓜成虫

（2）张挂防虫网 在棚室的门口及通风口张挂40目防虫网，防止蚜虫、白粉虱、斑潜蝇、蓟马等进入，从而减少由害虫引起的病害。

9. 生物防治

防治蚜虫（图2-33）。用5%天然除虫菊酯1000～1500倍液，或0.6%清源宝（氧苦内酯水剂）800～1000倍液、2.5%鱼藤酮乳油400～500倍液或7.5%鱼藤酮乳油1500倍液喷雾。

防治黄守瓜。可在黄瓜根部撒施石灰粉（图2-34），防成虫产卵；泡浸的茶籽饼（20～25kg/亩）调成糊状与粪水混合淋于瓜苗，毒杀幼虫（图2-35）；烟草水30倍液于幼虫危害时点灌瓜根；2.5%鱼藤酮乳油400～500倍液或7.5%鱼藤酮乳油1500倍液喷雾。

防治瓜实蝇（图2-36）、甘蓝夜蛾、斜纹夜蛾、蓟马（图2-37）、黄曲条跳甲。应在发生为害初期，用2.5%鱼藤酮乳油400～500倍液或7.5%鱼藤酮乳油1500倍液均匀喷雾，再交替使用其他相同作用的杀虫剂，对该药持久高效有利。

防治红蜘蛛、茶黄螨、白粉虱（图2-38）等害虫。用5%天然除虫菊酯1000～1500倍液或0.6%清源宝（氧苦内酯水剂）800～1000倍液喷雾。

黄瓜猝倒病（图2-39）、立枯病和枯萎病。主要在育苗、定植及坐果期防治。①育苗时，每平方米用10^8cfu/g健根宝可湿性粉剂10g与15～20kg细土混匀，1/3撒于种子底部，2/3覆于种子上面。②分苗时，每100g 10^8cfu/g健根宝可湿性粉剂对营养土100～150kg，混拌均匀后分苗。③定植时，每100g 10^8cfu/g健根宝可湿性粉剂对细土150～200kg，混匀后每穴撒100g。④进入坐果期，每100g 10^8cfu/g健根宝可湿性粉剂对水45kg灌根，每株灌250～300mL。

防治黄瓜白粉病（图2-40）。用1%蛇床子素水乳剂400～500倍液，或0.3%丁子香酚可溶性液剂1000～1200倍液、1.5亿活孢子/g木霉菌可湿性粉剂300倍液、2%多抗霉素可湿性粉剂1000倍液土壤消毒，或用10%多抗霉素可湿性粉剂500～800倍液、50%春雷王铜可

图2-35　黄守瓜幼虫

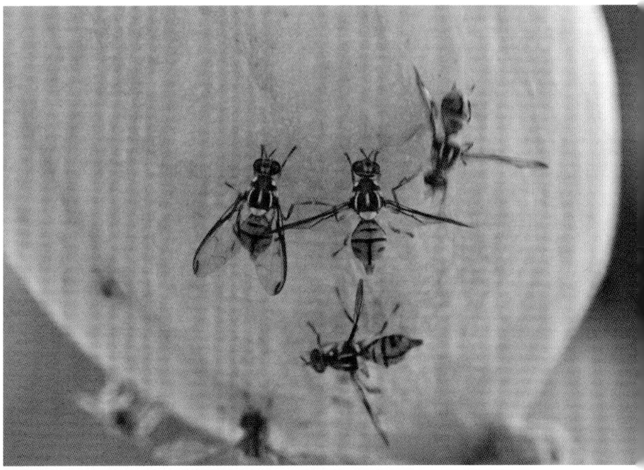

图2-36　丝瓜瓜条下部密集的瓜实蝇成虫

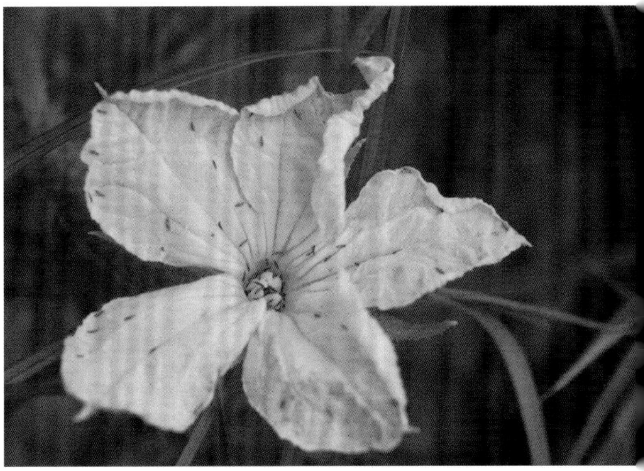

图2-37　黄瓜花上的蓟马

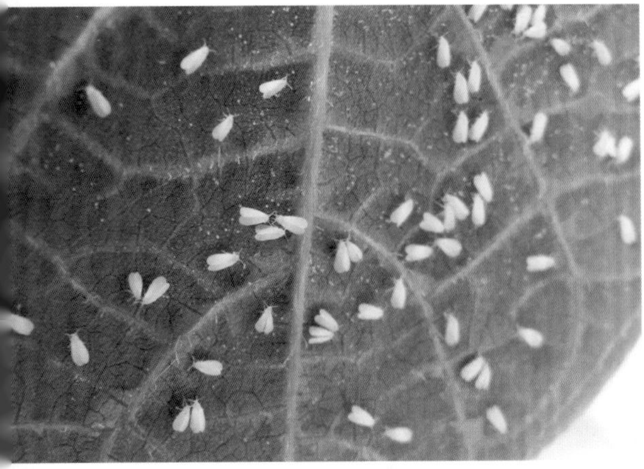

图2-38　黄瓜叶片上的白粉虱成虫

图2-39　黄瓜猝倒病苗

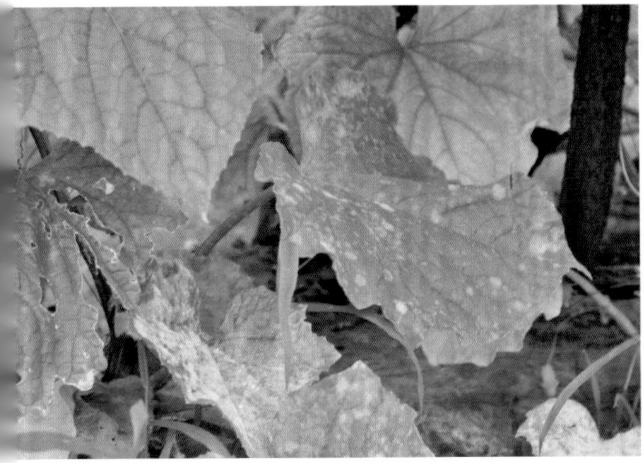

图2-40　黄瓜白粉病

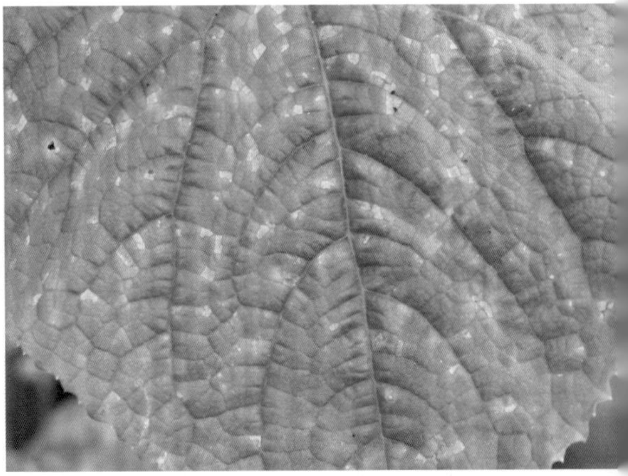

图2-41　黄瓜霜霉病病叶正面

图2-42　黄瓜黑星病病叶病斑边缘星芒状开裂

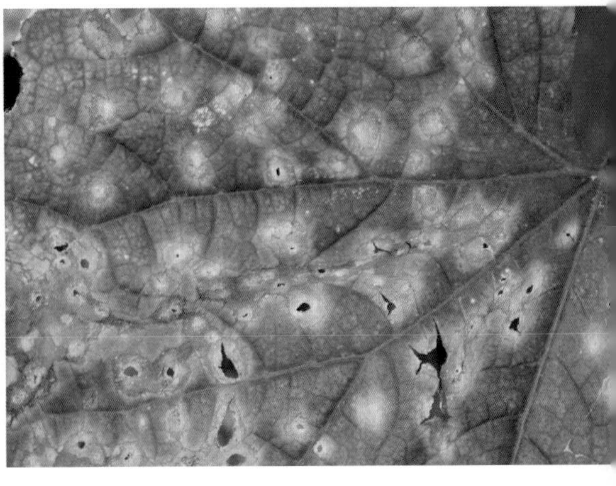

图2-43　黄瓜炭疽病病叶

湿性粉剂800倍液、0.05%核苷酸水剂600～800倍液、2%宁南霉素水剂稀释200～300倍液、8%宁南霉素水剂1000～1200倍液、10亿活芽孢/g枯草芽孢杆菌可湿性粉剂600～800倍液喷雾防治。

防治黄瓜霜霉病（图2-41）。用0.3%丁子香酚可溶性液剂1000～1200倍液，或1亿活孢子/g木霉菌水分散粒剂600～800倍液喷雾，2%多抗霉素可湿性粉剂1000倍液土壤消毒，或用10%多抗霉素可湿性粉剂500～800倍液、50%春雷王铜可湿性粉剂800倍液、0.05%核苷酸水剂600～800倍液。

防治黄瓜黑星病（图2-42）。用1.1%儿茶素可湿性粉剂600倍液喷雾。

防治黄瓜炭疽病（图2-43）。可用1.5亿活孢子/g木霉菌可湿性粉剂300倍液在发病初期喷雾。或用2%春雷霉素水剂400～750倍液、50%春雷王铜可湿性粉剂800倍液、0.05%核苷酸水剂600～800倍液等喷雾。

防治黄瓜灰霉病（图2-44）。可用1亿活孢子/g木霉菌水分散粒剂600～800倍液，或0.3%丁子香酚可溶性液剂1000～1200倍液，或1亿活孢子/g木霉菌水分散粒剂600～800倍液，或10亿活芽孢/g枯草芽孢杆菌可湿性粉剂600～800倍液喷雾。

图2-44　黄瓜灰霉病叶“V”字形病斑

防治黄瓜枯萎病（图2-45），用0.3%多抗霉素水剂60倍液浸种2～4h后播种，移栽时用80～120倍液蘸根或灌根，盛花期再用80～120倍液喷1～2次。也可于发病初期用10%多抗霉素可湿性粉剂400～500倍液灌根，每株灌药液250mL。或叶面喷雾88%水合霉素可湿性粉剂1000倍液预防，对有病株的小畦采取灌

图2-45　黄瓜枯萎病病部产生白色或粉红色霉状物，病部溢出少许琥珀色胶质物

图2-46 黄瓜细菌性角斑病病斑布满叶面现油渍状晕圈

图2-47 黄瓜病毒病病叶

根处理控制病菌扩散为害。

防治黄瓜细菌性角斑病（图2-46）。用2%春雷霉素水剂400～750倍液，或3%中生菌素可湿性粉剂1000～1200倍液喷雾。

防治黄瓜病毒病（图2-47），应用弱毒疫苗N14和卫星病毒S52处理幼苗，提高植株免疫力，兼防烟草花叶病毒和黄瓜花叶病毒。也可将弱毒疫苗稀释100倍，加少量金刚砂，用2～3kg/m^{2}压力喷枪喷雾。也可将豆浆、牛奶等高蛋白物质用清水稀释100倍液喷雾，可减弱病毒的侵染能力，钝化病毒病。也可用27%高脂膜乳剂200倍液喷雾，每7d一次，连续2～3次。发病前，从育苗期开始，喷0.5%菇类蛋白多糖水剂300倍液，或高锰酸钾1000倍液，7～10d一次，连喷2～3次，或用细胞分裂素100倍液浸种，当黄瓜2叶1心时喷600倍液，10d喷一次，连喷3～4次。

在黄瓜上应用竹醋液，每立方米育苗基质中加入竹醋液250～500mL，或苗期用200倍竹醋液灌根，或是在每立方米基质中使用500mL竹醋液处理育苗基质和栽培基质，并在定植后定期用200倍液灌根，能够有效地促进黄瓜叶片、茎粗和株高的生长。竹醋液综合处理可以显著提高黄瓜产量，降低黄瓜中硝酸盐的含量。

此外，还可用高酯膜、武夷菌素、嘧啶核苷类抗菌素等防治霜霉病、白粉病。用新植霉素或硫酸链霉素、琥胶肥酸铜、氢氧化铜、波尔多液等预防细菌性病害。用生物源农药托盾乳油100～150倍液防控虫害等。

有机

豇豆

栽·培·技·术

图3-1 豇豆

一、豇豆概况

1. 品种名称

豇豆（图3-1），又名带豆、饭豆、豆角、长豇豆、长豆角、角豆、姜豆、挂豆角等。

2. 类别

豆科豇豆属豇豆种、能形成长形豆荚的栽培种。

3. 食疗价值

以嫩荚食用为主，食用方法多样，可炒食、凉拌、做泡菜（图3-2）、盐腌（图3-3）、酱腌菜味道鲜美，老熟种粒还可粮用。豇豆食疗功效也佳，归脾、胃经，具有健胃理中的功效，可治吐逆、呕吐、泄泻、痢疾、小儿食积、食积腹胀等消化系统疾病，尤其治疗食积腹胀效果显著。豇豆还能够补肾益精，历代医家把豇豆视为肾虚梦遗、滑精的妙药，民间常将老豇豆籽煮至半熟，连同豆汤一起炖鸡吃。

4. 产品图例

豇豆品种按生长习性可分为蔓生（图3-4）和矮生（图3-5）两种类型。

5. 豇豆对环境条件的要求

（1）温度　豇豆喜温，耐热，不耐霜冻。种子发芽适宜温度为25～30℃；根系生长适温为18～25℃，13℃以下停止生长；植株生长发育的适宜温度为

图3-2　泡豇豆

图3-3　晒制豇豆盐渍产品

图3-4　蔓生豇豆

图3-5　矮架豇豆

图3-6　豇豆开花

图3-7　豇豆落花

20～25℃，15℃以下生长缓慢，0℃时茎叶枯死。一般早熟品种比晚熟品种的耐低温能力强。开花结荚期（图3-6）适温25～28℃。植株对35～40℃范围的高温具有一定的忍受能力，但温度高于35℃时，植株开花结荚能力下降，植株易早衰，落花落荚增多，豆荚变短或畸形，品质变劣，产量降低。

（2）光照　豇豆较喜光，开花结荚期要求有充分的光照条件，不过也有一定的耐阴能力。因此豇豆在生产中既可以单独种植，也可以与高秆粮食作物进行间作套种。但当光照过弱时，则会引起落花落荚（图3-7）。豇豆对日照长短的反应大致可分为两类：一类对日照长短要求不严格，这类品种的豇豆在长日照或短日照条件下均能正常生长结荚，因而南北各地可以互相引种，但短日照有提早开花、降低开花节位和提高产量的作用。另一类则对日照长短要求比较严格，适宜在短日照条件下栽培，若在长日照条件下栽培往往发生茎蔓徒长，开花结荚延迟或减少的现象。

（3）水分　豇豆根系发达，吸水力强，叶片有较厚的蜡质，蒸腾量小，因而比较耐旱。种子发芽期土壤不宜过湿，以免降低种子发芽率。幼苗期需水较少，要注意控水蹲苗，促进根系生长，防止植株徒长或沤根死苗。初花期对水分特别敏感，水分过大极易造成徒长（图3-8），引起落花落荚。结荚期需水量增大，如果干旱缺水同样会引起落花落荚。此期如果遇上连续阴雨天气或田间积水，导致土壤湿度过大而透气性差，则不利于根系生长和根瘤菌活动，严重时根系腐烂，叶片枯黄脱落。豇豆生长期适宜的空气相对湿度为55%～60%，比值超过80%以上时，抗病能力下降，易发生病害。

图3-8 浇水过多植株徒长现象

（4）土壤　豇豆对土壤的要求不十分严格，但以土层深厚、土质疏松、排水良好的中性（pH值6.2～7.0）壤土或沙壤土栽培为好。豇豆能忍受稍碱性土壤，但若土壤过于黏重或酸性过强，根系生长和根瘤菌的活动及固氮能力会受到抑制，影响植株的生长发育。

（5）营养　豇豆对磷、钾肥要求较多，在基肥和追肥中应偏重于磷、钾肥料。由于豇豆植株生长旺盛，生育期长，而本身的固氮能力又较弱，故对氮肥的需求量比其他豆类蔬菜稍多，栽培中也应适当施用氮肥。追肥宜在开花结荚后追施，施用过早或过多，容易引起茎叶徒长，造成田间通风不良，结荚率下降。结荚后要及时追施氮肥，以防植株早衰，影响二次结荚。在开花结荚期要注意增施磷钾肥。

矮生豇豆生育期短，发育快，从开花盛期起就进入吸收养分旺盛期，栽培上宜早熟追肥，促进开花结荚。蔓生豇豆生育比较迟缓，嫩荚开始伸长时才大量吸收养分。因此，栽培中应根据不同类型豇豆的需肥特点，掌握好追肥时期，防止植株脱肥早衰，才能延长结荚期，增加产量。

6. 栽培季节及茬口安排

有机豇豆家庭栽培主要茬口安排见表3。

表3 有机豇豆家庭栽培茬口安排（长江流域）

种类	栽培方式	建议品种	播期	定植期	株行距/（cm×cm）	采收期	亩产量/kg	亩用种量/g
豇豆	春露地	之豇28-2、宁豇四号、正豇555、高产四号	3月中～4月	直播	（20～25）×（55～60）（双株）	5月中～7月	1500	2500
	夏露地	之豇28-2、头王特长1号、湘豇4号	5月中～8月上	直播	25×60（双株）	7～10月	1500	3000

二、有机豇豆小拱棚加地膜覆盖栽培

1. 品种选择

应选择早熟、耐低温、高产、抗病、适宜密植的品种（图3-9）。

2. 整地作畦

结合耕翻整地，每亩施入腐熟农家肥1500～2000kg，草木灰50～100kg。整平耙细，作小高畦。畦高10～15cm，宽75cm，畦沟宽40cm。作畦后立即在畦上覆盖地膜。地膜宜在定植前15d左右铺好。

图3-9 豇豆种子

3. 播种

豇豆根部容易木栓化，侧根稀疏，再生能力弱，因此一般种植豇豆都采用直播。直播豇豆茎叶生长旺盛，植株易徒长，与育苗移栽相比，开花结荚较晚，数量较少。尤其早春豇豆直播后，外界气温低，豇豆发芽慢，若遇连续阴雨天气，种子易发霉烂种，导致出苗不整齐，因此可采取护根育苗方式。

（1）直播　早春可采用地膜覆盖（图3-10），搭建小拱棚等保温防寒措施使豇豆正常发芽。如果采用地膜覆盖直播的方法，最好采用先盖膜后播种的方法，这样既可以提高地温和保墒，还可省去人工抠苗的环节，避免人工抠苗不及时造成的烧苗现象。地膜覆盖直播时，播种的高度很关键，最好播种在地膜和用来压膜的土壤相接处，大概在垄面底部1/3处，这样既保证了种子萌发有足够的温度和湿度，又方便以后栽培管理时能够为植株浇上水。

（2）育苗　宜利用营养钵（图3-11）或穴盘（图3-12）在大棚或小棚中进行护根育苗。豇豆苗龄一般为25d左右。育苗营养土以疏松肥沃为原则，充分腐熟的有机肥30%，园田土40%，锯末或炉灰30%，按比例混合。然后用3～5度石硫合剂喷洒消毒，用塑料薄膜密

图3-10　豇豆直播出苗

图3-11　豇豆营养钵苗

图3-12　豇豆穴盘育苗

闭堆制。在播前10～15d翻开过筛，调节pH值，之后混匀装入营养钵或穴盘。播种前，先将营养钵内的营养土浇透，待水完全渗下后，每钵放3～4粒种子，然后覆土2cm左右，稍稍压实，将营养钵摆放整齐后，上盖地膜和塑料拱棚，保温保湿。适宜苗龄为20～25d，苗高20cm左右，开展度25cm，茎粗0.3cm以上，真叶3～4片。

4. 及时定植

豇豆定植的适宜温度指标为棚内10cm地温稳定通过15℃，棚内气温稳定在12℃以上，定植前10d扣棚烤地，定植时先揭去小拱棚膜，在小高畦上按株行距15cm×60cm或20cm×60cm挖穴定植（图3-13）。

可用暗水定植，即先在穴内浇水，待水渗下去一半时摆入苗子，每穴2～3株，然后覆土平穴，用土封严定植孔。也可采用先栽苗后浇水的明水定植方法，但定植后一定要浇小水。全田定植结束后即行扣棚。

5. 田间管理

（1）查苗补苗　当真叶出现后应及时进行查苗补苗工作，一般每穴留2～3株健壮苗，发现缺苗或断垄现象，应及时补苗，发现病株和残株，要及时拔除。补栽用的苗，最好是提前育好的苗。

（2）温度管理　定植后3～5d内不通风，棚外加盖草苫，闷棚升温，促进缓苗（图3-14）。随后逐渐揭去棚上两侧的草苫，并开始通风降温，棚内气温白天保持25～30℃，夜间不低于15～20℃，当外界气温稳定通过20℃时，撤除小拱棚。

（3）水肥管理　定植缓苗后视土壤墒情浇一次小水，此后控水蹲苗。现蕾

图3-13　豇豆移栽

图3-14　豇豆小拱棚地膜覆盖栽培示意图

时浇一次水，随水每亩追施腐熟粪肥2000kg。以后每隔10～15d浇水一次，掌握"浇荚不浇花"的原则。从开花后每隔10～15d叶面喷施一次0.2%磷酸二氢钾。为了促进早熟丰产，还可根外喷施浓度为0.01%～0.03%的钼酸铵和硫酸铜。

（4）植株调整　豇豆植株长到30～35cm高时及时搭架（图3-15），主蔓第一花序以下萌生的侧蔓一律打掉，第一花序以上各节萌生的叶芽留一片叶打头。主蔓爬满架后及时打顶。

图3-15　豇豆搭架

图3-16　采收的豇豆荚

（5）采收　豇豆是陆续采收的作物，一般在荚条粗细均匀、种子膨大、荚面豆粒未鼓起以前采收，约在播种后70～80d达采收期，花后10～12d开始采收（图3-16）。一般盛荚期每天采收一次，后期可隔一天采收一次。在肥水充足、植株健壮的情况下，豇豆的每个花序结荚多的可达4～6条，所以采收时应注意保护好花序上部的花，不要损伤顶部花，不要连同花柄一起采摘。采摘时要注意不要损伤荚面或折断荚条。

三、有机豇豆春季地膜覆盖栽培

1. 重施基肥

基肥应以有机肥为主，混拌适量化肥。春季可提高土温，早发根，早成苗。根据土壤肥力和目标产量确定施肥总量。施前深翻25～30cm，畦中开沟，每亩施入腐熟农家肥1500kg，草木灰50～100kg。缺硼田每亩应加施硼砂

2～2.5kg，然后覆土。

2. 土壤消毒

水旱轮作或与非豆科作物轮作。每亩用石灰25kg、硫黄2kg随基肥施入消毒土壤，以克服连作障碍。

3. 适时定植

整地应在定植前7～10d进行，畦面宽(连沟)1.3～1.4m，高25～30cm，龟背形，浇足底水，盖严地膜，两边用土压实（图3-17）。每畦2行，穴距25～30cm，行距65cm，每穴3～4粒，出苗后间去弱小病苗，每穴留2～3株。

4. 田间管理

（1）追肥管理　总的原则是前期防止茎叶徒长，后期防止早衰。地膜覆盖种植（图3-18），基肥充足，在开花结荚前可不施追肥。第一次追施在结荚初期，以后每隔7～10d追一次，追肥2～3次，每次每亩施腐熟粪水1500～2000kg。从开花后可每隔10～15d喷0.2%磷酸二氢钾进行叶面施肥。采收盛期结束前的5～6d，继续给植株以充足的水分和养分，促进翻花。为促进早熟丰产，可根外喷施浓度为0.01%～0.03%的钼酸铵和硫酸铜。

（2）水分管理　开花前适当控制水分，防止水分过多引起徒长。第一花序开花结荚时结合追肥浇一次足水，然后又要控制浇水，防止徒长，促进花序形成，直到主蔓上约2/3的花序出现时，保持土壤湿润。雨水过多时，应及时排水防涝。

图3-17　地膜覆盖效果图示

图3-18　豇豆地膜覆盖栽培

四、有机豇豆秋露地栽培

1. 品种选择

应选用耐热的中晚熟品种。

2. 整地作畦

选择地势较高、排水良好，两年未种过豆科作物的中性土壤或沙质土壤种植。在整地时应起深沟高畦，畦土要深翻晒垡，深翻30cm。

3. 播种

秋豇豆大多选择直播，在长江流域，播种期一般为6月上旬至8月初，每亩播种量2.0～2.5kg，行株距与春豇豆相同。每穴播3～4粒种子，播后盖3cm厚细土，浇足出苗水。

4. 田间管理

由于秋豇豆生长期较短，前期正值高温，生长势不如春豇豆，所以，搭架不必太高。豇豆出苗后及时施提苗肥，可用淡粪水浇施。以后应适当控制肥水（图3-19），抑制植株营养生长，如果幼苗确实生长太弱，可薄施1～2次稀淡粪水（图3-20）。豇豆开花结荚期需肥水较多，应浇足水，及时施重肥，每亩可追施腐熟粪肥1500kg。每周再喷施微肥一次。豆荚生长盛期，应再追一次磷肥，以减少落花落荚。盛荚期后，若植株尚能继续生长，应加强肥水管理，促进侧枝萌发，促进翻花（图3-21）。

图3-19　豆苗期适当控制浇水

图3-20　豇豆苗期弱可适当追施淡粪水肥

图3-21　豇豆后期应追肥促翻花

图3-22　豇豆不宜漫灌

图3-23　豇豆盆栽

由于秋豇豆生长盛期正值高温、干旱、暴雨季节，要特别注意水分的协调，浇水或灌水最好在下午4时以后进行，切忌漫灌（图3-22），遇多雨气候时，要及时排干沟内积水，防止涝害。

及时插架、引蔓。当幼苗开始抽蔓时应搭架，搭架后经常引蔓，引蔓一般在晴天上午10时以后进行。

五、豇豆容器栽培

豇豆适宜庭院（图3-23）、阳台种植。盆栽用中、大型盆。

（1）种苗　到蔬菜公司购买种子，种子要求新鲜、饱满。无论盆播或地播，均采用穴播，每穴播4～5粒种子，播后覆土2cm。覆土过厚，种子易腐烂。发芽适温25～30℃，播后7～9d发芽。

（2）栽植　盆栽用30～40cm盆，每盆保留壮苗1～2株。盆土用肥沃的菜园土或培养土，加少量腐熟厩肥或饼肥。从播种至首次采收需60～70d。

（3）管理　豇豆较耐旱，生长期盆土不宜过湿，以免造成茎叶徒长，根系腐烂；开花结荚期，盆土保持湿润，过于干旱会导致落花，影响结荚。地栽豇豆雨后注意排水，防止水淹。

定苗后1周，施一次腐熟饼肥水。若苗期氮肥使用过多，会推迟结荚时间。开花结荚期，每10d施肥一次，氮肥不能减少，适当提高磷、钾肥的比例，有利于结荚。

苗株具5～8片叶，开始抽蔓时设支架。主蔓长至架顶时进行摘心，促使侧蔓生长；待侧蔓有50cm长时再次摘心，促进结荚。

播种后60d开始采荚食用，以早晨和种子尚未凸起时采收为宜，以后每隔2周采荚一次。采荚间隔时间的长短，根据豇豆品种而定。

六、有机豇豆病虫害综合防治

豇豆主要病害有花叶病毒病、炭疽病、叶斑病、疫病、锈病、煤霉病、白粉病、基腐病、枯萎病。虫害主要有豆荚螟、蚜虫、白粉虱、豆象、潜叶蝇、茶黄螨、小地老虎、红蜘蛛等。

1. 农业防治

建立无病留种田，选用抗病的豇豆品种；与非豆类作物如白菜类、葱蒜类等实行2年以上轮作。加强田间管理，适时浇水施肥，排除田间积水，及时中耕除草（图3-24），提高田间的通风透光性，培育壮株，提高植株本身的抗病能力。发现病株或病荚后及时清除，带出田外深埋或烧毁。收获后及时清洁田园，清除残体病株及杂草。

图3-24　豇豆中耕除草

2. 物理防治

采用人工摘除卵块或捕捉幼虫等措施防治甜菜夜蛾和斜纹夜蛾。在甜菜夜蛾、斜纹夜蛾、豆野螟的成虫发生期，使用糖醋液进行诱杀。在蚜虫、美洲斑潜蝇、豌豆潜叶蝇、白粉虱成虫发生期，用黄板涂凡士林加机油、诱蝇纸或黄板诱虫卡诱

图3-25　豆蚜危害豇豆

图3-26　豆突眼长蝽成虫交尾状

图3-27　白粉虱在豇豆叶背上危害

图3-28　豆荚螟为害豇豆荚

图3-29　豆卷叶野螟危害豇豆叶片

图3-30　朱砂叶螨为害豇豆叶片背面成砂点

杀成虫。还可利用银灰膜驱避蚜虫，也可张挂银灰膜条避蚜。

3. 生物防治

防治蚜虫（图3-25）、豆突眼长蝽（图3-26）。用0.3%印楝素乳油1000～1300倍液，或5%除虫菊素乳油2000～2500倍液，或3%除虫菊素乳油800～1200倍液，或每亩用1%血根碱可湿性粉剂30～50g，对水40～50kg喷雾。

防治白粉虱（图3-27）。用0.3%印楝素乳油1000～1300倍液喷雾。

防治豆荚螟（图3-28）、豆卷叶野螟（图3-29），可用白僵菌喷雾或喷粉。将菌粉掺入一定比例的白陶土，粉碎稀释成20亿孢子/g白僵菌的粉剂喷粉。或用（100～150）亿孢子/g白僵菌的原菌粉，加水稀释至（0.5～2）亿孢子/mL的菌液，再加0.01%的洗衣粉，用喷雾器喷雾。或用0.3%印楝素乳油1000～1300倍液喷雾防治。或在卵孵始盛期，最迟到2龄幼虫期高峰期及时喷0.36%苦参碱，喷药时一定要均匀喷到植株的花蕾、花荚、叶背、叶面和茎秆上，喷药量以湿有滴液为度。

图3-31　蓟马危害豇豆荚状

防治叶螨（图3-30）、红蜘蛛。用0.3%印楝素乳油1000～1300倍液，或用5%除虫菊素乳油2000～2500倍液，或3%除虫菊素乳油800～1200倍液，或在害螨点片发生时用10%浏阳霉素乳油1000～1500倍液喷雾，可在1～2周内保持良好防效。

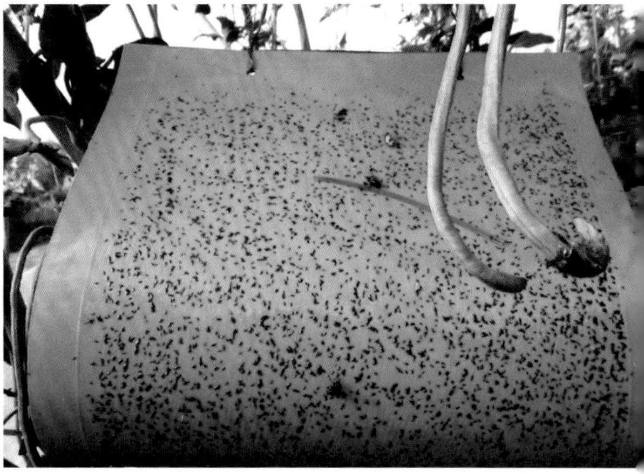

图3-32　蓟马性信息素诱蓝板+性诱剂诱杀豇豆田蓟马

防治豆蓟马（图3-31）。用蓝板+性诱剂产品诱杀（图3-32），使用时撕去粘虫板上的离型纸，把微管诱芯用订书机钉在蓝板上，并用剪刀剪开其中一端封口，蓝板离叶面10～15cm，每亩15～20片，色板粘满虫时，需及时更换。田间蓟马开始发生，虫口数量较少时开始使用，一直到收获结束，连续使用3～4个月。可选用0.3%印楝素乳油800倍液，或0.36%苦参碱水剂400倍液、2.5%鱼藤酮乳油500倍液等生物药剂喷雾防治。

图3-33 斜纹夜蛾危害豇豆叶片

防治斜纹夜蛾（图3-33）、甜菜夜蛾（图3-34）。在年度发生始盛期开始，掌握在卵孵高峰期使用300亿PIB／g斜纹夜蛾核型多角体病毒水分散粒剂10000倍液，每亩用量8～10g，每发生代用药1次。喷药要避开强光，最好在傍晚喷施，防止紫外线杀伤病毒活性。

图3-34 豇豆叶背甜菜夜蛾低龄幼虫群集

还可每亩选用0.6%印楝素乳油100～200mL、400亿孢子/g的白僵菌25～30g、100亿孢子/mL的短稳杆菌悬浮剂800～1000倍液等喷雾防治，10～14d喷一次，共喷2～3次。

图3-35 斑潜蝇危害豇豆叶片状

防治斑潜蝇（图3-35）。可选用0.5%苦参碱水剂667倍液，或1%苦皮藤素水乳剂850倍液、0.7%苗楝素乳油1000倍液等喷雾处理。在幼龄期喷施1.5%除虫菊素水乳剂600倍液，连续2～3次。

防治小地老虎（图3-36）。利用小地老虎成虫的趋化性，可自制糖醋液，春季利用糖醋液诱杀越冬代成虫，按糖6份、醋3份、白酒1份、水10份、90%敌百虫1份调匀，或用泡菜水加适量农药，在成虫发生期设置，将诱液放于盆内。傍晚时放到田间，位置距离地面1m高，次日上午收回。对其雌、雄成虫均有一定的防治效果。

人工挑治。清晨扒开缺苗附近的表土，可捉到潜伏的高龄幼虫，连续几天捕捉效果良好。还可将泡桐叶或莴苣叶置于田内，清晨捕捉幼虫。

于低龄幼虫盛发期，可用生物药剂苜核·苏云菌悬浮剂（苜蓿银纹夜蛾核型多角体病毒1×10^{7}PIB/mL、苏云金杆菌2000国际单位/μL）500～750倍液对蔬菜进行灌根，由于病毒可在病虫体内大量繁殖，并在土壤中传播和不断感染害虫，因此具有持续的控害作用。

防治豇豆立枯病。使用木霉素拌种，通过拌种将药剂带入土中，在种子周围形成保护屏障，预防病害的发生。一般用药量为种子量的5%～10%，先将种子喷适量水或黏着剂搅拌均匀，然后倒入干药粉，均匀搅拌，使种子表面都附着药粉，然后播种。或用3%井冈霉素水剂10～20mL，拌1kg种子。

防治豇豆枯萎病（图3-37）。用80亿/mL地衣芽孢杆菌水剂500～750倍液，对水灌根，每穴灌药液300mL。或用88%水合霉素可湿性粉剂1500倍液喷施。从豇豆5～7叶期开始，用高锰酸钾800～1000倍液喷雾，每5～7d一次，连续3～4次。

防治豇豆根腐病。播种前，以种子量的1%～1.5%用量拌种，也可在生长期发病时用2%宁南霉素水剂260～300倍液+叶面肥进行叶面喷雾。从豇

图3-36　小地老虎幼虫咬断豇豆幼苗茎秆

图3-37　豇豆枯萎病

图3-38　豇豆白粉病病叶

豆5～7叶期开始，用高锰酸钾800～1000倍液喷雾，每5～7d一次，连续3～4次。

防治豇豆白粉病（图3-38）。用2%武夷菌素水剂150～200倍液，或2%宁南霉素水剂稀释200～300倍液，或8%宁南霉素水剂1000～1200倍液喷雾1～2次，间隔7～10d 1次。

防治豇豆白绢病。用3%井冈霉素水剂10～20mL，拌1kg种子进行预防。

防治豇豆病毒病（图3-39），用2%宁南霉素水剂200～260倍液，或8%宁南霉素水剂800～1000倍液各喷一次，发病初期视病情连续喷雾3～4次，间隔7～10d喷1次。苗期育苗的，苗床上喷植物病毒疫苗500～600倍液，喷雾2次，间隔5d一次，定植后喷植物病毒疫苗500～600倍液2次，间隔5～7d一次。或用0.5%菇类蛋白多糖水剂300倍液喷雾，每隔7～10d一次，连喷3～5次，发病严重的地块，应缩短使用间隔期。

防治豇豆炭疽病（图3-40）。用波尔多液1：1：200倍液喷雾防治。

防治豇豆细菌性疫病、细菌性叶斑病。用72%硫酸链霉素可溶性粉剂3000倍液喷雾。

图3-39　豇豆花叶病毒病株

图3-40　豇豆炭疽病苗期茎基部现黑色小粒点

图3-41　豇豆煤霉病叶片正面霉斑现紫红色小点

图3-42　豇豆轮纹病为害豇豆叶片状

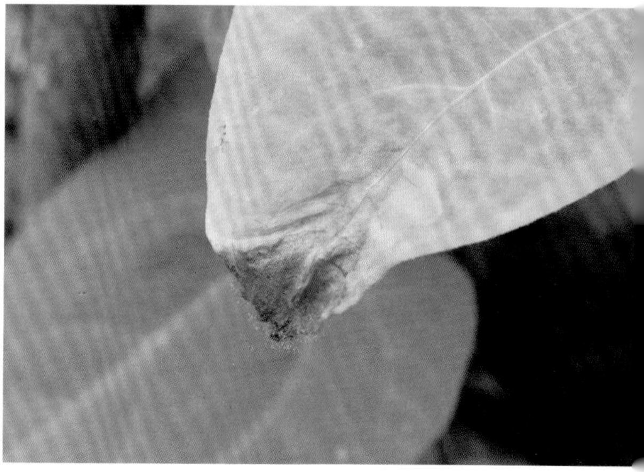

图3-43　豇豆灰霉病叶片发病状

图3-44　豇豆苗期锈病

防治豇豆煤霉病（图3-41）。用波尔多液1：1：200倍液喷雾。

防治豇豆轮纹病（图3-42）。用77%氢氧化铜可湿性粉剂400～500倍液喷雾。

防治豇豆灰霉病（图3-43）。初见病变或连阴雨天后，建议喷洒100万孢子/g寡雄腐霉菌可湿性粉剂1000～1500倍液，或喷洒含0.5%亿芽孢/mL枯草芽孢杆菌BAB-菌株桶混液，防效高，或2.1%丁子・香芹酚水剂600倍液。

防治豇豆锈病（图3-44）。病害刚发生时，用2%嘧啶核苷类抗菌素水剂150倍液，隔5d喷一次，连喷3～4次。

防治豇豆红斑病（图3-45）。用30%碱式硫酸铜悬浮剂400倍液，或1：0.5：200倍波尔多液喷雾。

防治豇豆角斑病、细菌性疫病

图3-45　豇豆红斑病叶片上的典型病斑

等。用30%碱式硫酸铜悬浮剂400倍液喷雾。

在豇豆上应用竹醋液，可预防豇豆根腐病、枯萎病，克服豇豆连作障碍效果显著。豇豆播种前5～7d用竹醋液床土调酸剂（商品名：青之源重茬通）130倍液处理土壤，生长期每隔10d叶面喷施400倍有机液肥，能较有效地增强豇豆长势，并对豇豆根腐病有抑制作用，使其产量与轮作相当。

有机

小白菜

栽·培·技·术

图4-1 小白菜

一、小白菜概况

1. 品种名称

小白菜（图4-1），别名不结球白菜、油菜、小油菜、青菜、白菜、白菜秧、鸡毛菜、油白菜等。

2. 类别

十字花科芸薹属芸薹种白菜亚种的一个变种。

3. 食疗价值

含有丰富的维生素、胡萝卜素和矿物质，南方四季可种，北方多进行春季和秋季栽培。高血脂、肥胖者要多吃小白菜，虚寒体质和泄泻者要少吃，霉烂的小白菜不能吃。小白菜中含有大量粗纤维，其进入人体内与脂肪结合后，可防止血浆胆固醇形成，促使胆固醇代谢物胆酸排出体外，以减少动脉粥样硬化的形成，从而保持血管弹性。小白菜中含有的胡萝卜素比豆类、番茄、瓜类都多，并且还含有丰富的维生素C，进入人体后，可促进皮肤细胞代谢，防止皮肤粗糙及色素沉着，使皮肤亮洁，延缓衰老。小白菜中所含的维生素C，在体内形成一种“透明质酸抑制物”，这种物质具有抗癌作用，可使癌细胞丧失活力。小白菜中含有的粗纤维可促进大肠蠕动，促进大肠内毒素的排出，达到防癌抗癌的目的。

图4-2　白梗小白菜

图4-3　青梗小白菜

4. 产品图例

根据不同种植季节，选用抗病、优质、高产、抗逆性强、商品性好、适合市场需求的优良品种。小白菜品种主要有白梗品种（图4-2）、青梗品种（图4-3）等，目前市场上还选育出紫色的小白菜品种（图4-4）。

图4-4 紫色小白菜

5. 小白菜对环境条件的要求

（1）温度　小白菜发芽温度在4～40℃之间，适温为20～25℃，最低温度为4～8℃，最高温度为40℃，小白菜在江南几乎周年可以播种。种子经2～3d发芽，生长适温在15～20℃，在25℃以上的高温生长不良，易衰老，病毒病发生严重，品质明显下降，只有少数品种耐热性较强，可作夏白菜栽培，在－3～－2℃能安全越冬。小白菜适于春、秋栽培，栽培期月平均温度10～20℃，如温度在5～10℃时生长缓慢。小白菜经低温通过春化阶段，最适温度2～10℃，在此温度下15～30d完成春化。长日照及较高的温度有利抽薹、开花（图4-5）。

图4-5 小白菜抽薹开花

（2）光照　小白菜属中光植物，虽然要求光照不强，但在营养生长期也要求有较强的光照，如光照不足，易引起徒长，质量差、产量低。小白菜属于长日照蔬菜，采种植株通过春化，给12h以上日照，温度在20～30℃时，植株迅速抽薹开花。

（3）水分　小白菜叶片面积比较大，蒸腾作用强，根要不断地从土壤中吸水补充，但是根系浅，吸水能力弱。因此，需较高的土壤和空气湿度。在干旱条件下，生长矮小，产量低，品质差。土壤湿度过

图4-6 小白菜土壤湿度大产生的涝害

大，根尖部易变褐色，外叶变黄（图4-6）。

（4）土壤养分　小白菜对土壤的适应性比较强，较耐酸性土壤，喜疏松肥沃、有机质含量高、保水保肥性强的土壤。小白菜对氮、磷、钾的吸收能力，氮大于钾，钾大于磷。微量元素硼的不足会引起缺硼症。缺硫易导致叶片黄化（图4-7）。在栽培中要多施底肥，改良土壤环境，有利根系吸收。及时追施氮肥，移植缓苗后追少量氮肥，进入旺盛生长期速效氮肥追施量要大。磷、钾肥用于底肥。

图4-7　小白菜缺硫黄化

6. 栽培季节及茬口安排

小白菜（小青菜）主要为露地栽培，按其成熟期、抽薹期的早晚和栽培季节特点，分为秋冬小白菜、春小白菜及夏小白菜。秋冬小白菜多在2月抽薹，故又称二月白或早白菜。长江流域春小白菜多在3～4月抽薹，又称慢菜或迟白菜，一般在冬季或早春种植，春季抽薹之前采收供应，可鲜食亦可加工腌制，具有耐寒性强、高产、晚抽薹等特点，唯品质较差。按其抽薹时间早晚，还可分为早春菜与晚春菜，早春菜较早熟，长江流域多在3月抽薹，因其主要供应期在3月，故称“三月白菜”；晚春菜在长江流域冬春栽培，多在4月上中旬抽薹，故俗称“四月白菜”。夏小白菜则为5～9月夏秋高温季节栽培与供应的白菜，称火白菜、伏白菜，具有生长迅速和抗高温、雷暴雨、大风、病虫等特点。有机小白菜家庭栽培茬口安排见表4。

表4　有机小白菜家庭栽培茬口安排（长江流域）

种类	栽培方式	建议品种	播期	定植期	株行距/（cm×cm）	采收期	亩产量/kg	亩用种量/g
小白菜	春季	四月慢、四月白、亮白叶	2月上～4月下	直播		3～6月	1500～2000	1200～1500
	夏季	矮杂1号、热抗青、热抗白	5月上～8月上	直播		6～9月	1500～2000	1200～1500
	秋冬	矮脚黄、箭杆白、矮脚奶白、乌塌菜	9月中～10月上	10～11月	（8～10）×（18～20）	11月至翌年2月	2000～3000	1200～1500

二、有机小白菜春季栽培

1. 播期选择

在长江流域，春小白菜可于2月上旬至4月下旬分批播种，直播或移栽，以幼苗或嫩株上市。在3月下旬之前播种宜选用冬性强、抽薹迟、耐寒、丰产的晚熟品种（图4-8），并采用小拱棚覆盖（图4-9）。在3月下旬之后播种，多选用早熟和中熟品种，可露地播种。每亩播种1.2～1.5kg。

2. 选地作畦

选择向阳高燥、爽水地块，采取窄畦深沟栽培，每亩基施腐熟有机肥3000～5000kg，磷矿粉40kg，钾矿粉20kg。作畦宽1.5m，要求畦面平整。

图4-8 小白菜种子

图4-9 小白菜撒播小拱棚覆盖栽培

图4-10 盖草帘防寒示意图

图4-11 小白菜育苗移栽示意

3. 播种定植

播种后用40%～50%腐熟人畜粪盖籽，或盖细土1～1.5cm厚，并盖严薄膜，夜间加盖草苫等防寒（图4-10）。以后视天气和畦面干湿情况浇水。

为保证一定的营养面积，一般间苗2次，第一次在秧苗2～3片真叶时，使苗距达2～3cm，第二次在4～6片真叶期进行，间苗后使苗距保持4～5cm。

栽幼苗时，苗龄15～25d，行距20～25cm，株距15cm（图4-11）。

4. 田间管理

春天多雨，土易板结，应及时清沟排水，防止土面积水。对移栽苗要及时浅中耕，清除田间杂草。定植后，可直接用浓度为20%～30%的腐熟畜粪水定根，注意浇粪水时不要淹没菜心。成活后，每3～4d追施一次粪肥。晴天土干，追肥次数要勤，浓度宜小，雨后土湿，追肥次数要减少，且浓度宜适当加大。直播幼苗上市的，只需在出苗后，选晴天追施1～2次浓度为20%～30%的腐熟畜粪肥。

5. 采收

一般在直播后30～50d以嫩苗上市，也可高密度移栽，在定植后25～35d采收。一般嫩苗带根（或去根）用清水洗净泥土，清除枯黄叶扎好（0.5kg左右一把），成株上市时一般去根，并清除枯黄叶再上市（图4-12）。

图4-12　小白菜成株上市

三、有机小白菜夏秋栽培

1. 播种安排

小白菜夏秋栽培一般在5～9月分期分批播种，也可与其他夏秋作物套种，基本以幼苗上市，在播后20～30d上市，秋季有极少部分留坐蔸或移栽株以嫩株上市。一般选用抗病、耐热、生长快的早、中熟品种。宜直播（图4-13），每亩播种1.2～1.5kg。

2. 选地作畦

选择水源近、灌溉条件好、保水保肥的沙壤土，上茬为早熟瓜果蔬菜的菜地。不宜播种于豆类蔬菜地，以防烧根，生长不良。前作蔬菜出园后，深翻土壤，烤晒过白，每亩施腐熟人畜粪1000～2000kg，整地时泼施，并施石灰70～100kg，作成高畦、窄畦、深沟，畦面耙平耙细。

图4-13　夏小白菜直播栽培

3. 播种

一般直播，不能移栽。播种要遍撒均匀，每亩用种量1.2～1.5kg。

4. 田间管理

幼苗出土后应保持地表湿润，如果密度过大，可间苗2次，齐苗后每天浇水1～2次，小水勤浇，禁止大水漫灌，浇水宜在早晚进行，避免在高温天气浇水。遇午时阵雨，应在停雨后用清粪水浇透一次。忌施生粪、浓肥，并及时设置荫棚或覆盖遮阳网来降温和防暴雨冲刷。在采收前7d停止浇淡粪水，而改浇清水。在高温干旱季节播种小白菜，可利用大棚或小拱棚覆盖银灰色遮阳网，进行全天覆盖（图4-14）。在盛夏由原来的每天浇2次水变为每2d浇一次水，最短20d即可上市，

图4-14　夏小白菜覆盖遮阳网

且整个生长过程中不需喷农药。也可以在夏秋小白菜播种或定植后的生长前期晴天和雨天覆盖遮阳网，晴盖阴揭，早盖晚揭，雨前盖雨后揭，能有效提高成苗率和加速缓苗，促进生长。

5. 采收

夏季气温高，且虫害发生多，宜在播种后20～30d，及时采收嫩株上市。

图4-15　小白菜秋冬露地栽培

四、有机小白菜秋冬栽培

1. 播种安排

小白菜秋冬栽培（图4-15）一般9月至10月上旬分期分批播种，部分以幼苗上市（图4-16），多数定植后成株上市。宜选择耐寒力较强、品质好的中熟品种。每亩播种1.2～1.5kg。

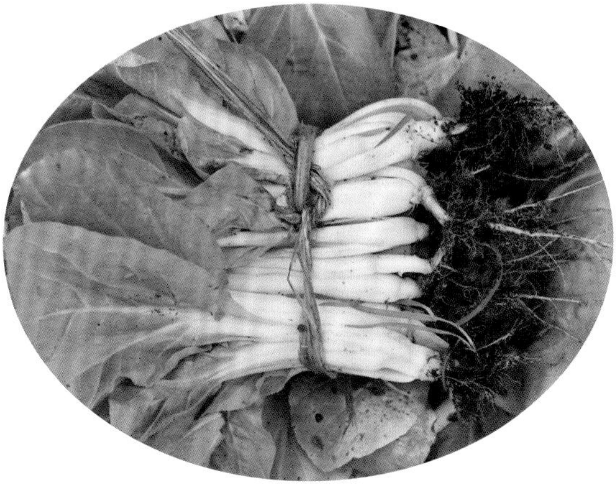

图4-16　小白菜幼苗上市

2. 苗期管理

对于移栽苗床应在苗期间苗2次。出苗后6～10d，幼苗1～2片真叶时，第一次间苗，苗距3cm左右。隔5～7d后，进行第二次间苗，留强去弱，苗距6cm左右。每次间苗后，应施一次淡粪水，促苗壮苗。

3. 适时定植

一般株距15～25cm，行距20～35cm，10月份以后栽植可深些，有利防寒，沙壤土可稍深栽，黏土应浅栽。露地或地膜覆盖栽培（图4-17），定植前基肥以腐熟畜粪为

图4-17　小白菜地膜覆盖与纯露地栽培差异明显

图4-18　肥水过多致小白菜易发病坏死

主，每亩1500～2000kg。

4. 肥水管理

定植后及时浇定植水，视气温和土壤湿润情况在早晚再浇一次水，保证幼苗定植后迅速成活。定植成活后每隔3～4d浇一次淡畜粪水，晴天土干宜稀，阴雨后土湿宜浓，生长前期宜稀，后期宜浓。定植后15～20d，重施一次浓度为30%～40%的畜粪肥。南风天、潮湿、闷热时，追肥不宜多施，否则易诱发病害，造成腐烂（图4-18）。凉爽天气，小白菜生长快，可多施浓施。

生长期间如遇细雨天气或短时阵雨，需在雨前、雨中或雨后浇湿浇透菜土，避免菜田下干上湿，土表水气蒸发，形成高温高湿的菜园小气候，致使霜霉病猛然发生（即“起地火”），叶片迅速枯黄脱离。下雨时注意清沟排水，防积水。

五、小白菜容器栽培

小白菜家庭栽培可选择在阳台、天台、客厅或房前屋后的庭院，用花盆（图4-19）、木盆、木条箱、泡沫塑料箱（图4-20）等容器栽培，容器深度

图4-19　小白菜盆栽

图4-20　小白菜泡沫箱栽培

15~20cm即可。也可在天台上用砖砌成栽培槽，也可在房前屋后的空地开辟小的菜畦（图4-21）。

小白菜在南方全年均可播种，但以春、秋季生长为佳，一般播种至收获天数为25d，每平方米产量1.5~5kg。

图4-21　房前屋后栽培小白菜

到蔬菜公司购买种子，南方地区和夏季栽培要选耐热性品种。春、秋季栽培可在农贸市场或农家购买有4~5片叶的带土苗株，可直播，或育苗移栽，以直播为主。营养土以园土、腐叶土等配制，也可用市场上的花卉培养土。先将容器内的土壤弄平，用细孔喷壶把栽培土浇透水，然后将种子均匀地撒在土壤表面，然后再在种子上面覆盖一层薄土即可。窄盆每盆播2行，宽盆播3行，穴距8~10cm，每穴播3粒，覆盖土一般1cm厚。

直播的及时间苗定苗，至真叶长到3片时定苗，每穴留1株健壮苗。移栽苗可在4叶时进行。移栽后缓苗前要保湿保温遮阴，4~5d后逐渐见阳光，即可缓苗。

将容器置于阳光充足的地方，南方夏季炎热可适当遮阴。夏天每天早晚各浇一次水，春秋可每隔2d浇一次水，浇水以早晚为佳，不可在过热的中午浇水，保持土壤略湿润，如遇到大雨容器内积水应及时排除，防止积水。生长期内随水追施1~2次稀薄粪尿液肥。人工捕捉菜青虫。

六、有机小白菜病虫害综合防治

小白菜病害主要有病毒病、软腐病、霜霉病、黑斑病等，虫害主要有蚜虫、白粉虱、烟粉虱、菜青虫、甜菜夜蛾、小菜蛾、黄曲条跳甲等。

1. 农业措施

（1）合理轮作　选在2~3年未种过小白菜的地块进行。栽培小白菜时，周围大田尽量不种其他十字花科作物，避免病虫害传染。多数害虫有固定的寄主，寄主多，则害虫发生量大；寄主减少，则害虫会因食料不足而发生量大减。

（2）减少育苗床的病原菌数量　忌用老苗床的土壤和多年种植十字花科蔬菜的土壤作育苗土。利用3年以上未种过十字花科蔬菜的肥沃土壤作育苗土，可减少床土的病原菌数量，减轻病虫害的侵染。苗床施用的肥料应腐熟。

（3）深耕翻土　前茬收获后，及时清除残留枝叶，立即深翻20cm以上，晒垡7～10d，压低虫口基数和病菌数量。

（4）清洁田园　小白菜生长期间及时摘除发病的叶片，拔除病株，携出田外深埋或烧毁。田间、地边的杂草有很多是病害的中间寄主，还有的是害虫的寄主，有的是越冬场所，及时清除、烧毁也可消灭部分害虫，特别是病毒病的传染源。

（5）适期播种　害虫的发生有一定规律，每年都有危害盛期和不危害时期。根据这一规律，调节播种期，躲开害虫的危害盛期。秋小白菜应适当晚播，一般于立秋后5～7d播种，以避开高温，减少蚜虫及病毒病等为害。春小白菜适当早播，阳畦育苗可提前20～30d播种，减轻病虫害。

（6）起垄栽培　夏、秋小白菜提倡起垄栽培，夏菜用小高垄栽培或半高垄栽培，秋菜实行高垄栽培或半高垄栽培，利于排水，减轻软腐病和霜霉病等病害。

（7）加强管理　苗床注意通风透光，不用低湿地作苗床。及时间苗定苗，促进苗齐、苗壮，提高抗病力。播种前、定植后要浇足底水，缓苗后浇足苗水，尽量减少在生长期浇水，特别是小白菜越冬栽培中整个冬季一般不浇水，防止生长期过频的浇水降低地温、增加空气湿度。生长期如需浇水，应开沟灌小水，忌大水漫灌，浇水后及时中耕松土，可减少蒸发，保持土壤水分，减少浇水次数，降低空气湿度，田间雨后及时排水。用充分腐熟的沤肥作基肥。酸性土壤结合整地每亩施用生石灰100～300kg，调节土壤酸碱度至微碱性。

（8）人工治虫　蔬菜收获后，要及时处理残株败叶或立即翻耕，可消灭大量虫源；菜田要进行秋耕或冬耕，可消灭部分虫蛹。结合田间管理，及时摘除卵块和初龄幼虫。

（9）沼液预治病虫　苗期一般有黄曲条跳甲等害虫咬食幼苗茎秆或子叶，病害主要有白斑病、猝倒病和立枯病，可按沼液：清水=1：（1～2）的浓度进行喷雾预防；团棵期、莲座期及结球期易发生菜螟、蚜虫、菜青虫、蛞蝓等虫害和黑斑病、软腐病、霜霉病等病害，可用纯沼液进行喷雾，每隔10d喷一次，即可有效预防。用于喷雾的沼液必须取于正常产气3个月以上的沼气池，先澄清，后用纱布过滤方可使用。喷施时需均匀喷于叶面和叶背，喷施后20h左右再喷一遍清水。使用沼液喷洒小白菜植株，可起到杀虫抑菌的作用，使小白菜长势更健壮、色泽更鲜艳、品质更优良。

2. 种子消毒

无病株留种，采用中生菌素，按种子量的1%～1.5%拌种可防治白菜软腐病。

3. 土壤消毒

即利用物理或化学方法减少土壤病原菌的技术措施。深翻30cm，并晒垡，可加速病株残体分解和腐烂，还可把病原菌深埋入土中，使之降低侵染力。

4. 物理防治

蚜虫具有趋黄性，可设黄板诱杀蚜虫（图4-22），用40cm×60cm长方形纸板，涂上黄色油漆，再涂一层机油，挂在行间或株间，每亩挂30～40块，当黄板粘满蚜虫时，再涂一次机油。或挂铝银灰色或乳白色反光膜拒蚜传毒，或在田间覆盖银灰色地膜驱避蚜虫。蓟马用蓝板诱杀（图4-23）。

利用糖醋液诱集害虫，集中捕杀。

防虫网阻隔害虫。可选用20～25目的白色或灰色防虫网，柱架立棚防治虫害（图4-24）。

图4-22　黄板诱杀蚜虫、黄曲条跳甲等

图4-23　蓝板诱杀蓟马

图4-24　防虫网全程覆盖栽培防蚜

5. 生物防治

防治斜纹夜蛾（图4-25）、甘蓝夜蛾（图4-26）、黄曲条跳甲（图4-27）等，于1～2龄幼虫盛发期时施药，用0.3%印楝素乳油800～1000倍液喷雾。根据虫情约7d可再防治一次。

防治菜青虫（图4-28），在成虫产卵高峰后7d左右，幼虫处于2～3龄时施药防治，每亩用0.3%苦参碱水剂62～150mL，加水40～50kg喷雾，或用3.2%苦参碱乳油1000～2000倍液喷雾，对低龄幼虫效果好，对4～5龄幼虫敏感性差，持续期7d左右。或用2000IU/g苏云金杆菌乳剂150mL可湿性粉剂25～30g对水40～50kg，或绿僵菌菌粉对水稀释成含孢子（0.05～0.1）亿/mL的菌液，或0.3%印楝素乳油800～1000倍液喷雾。

图4-25　斜纹夜蛾幼虫危害小白菜

图4-26　甜菜夜蛾危害小白菜

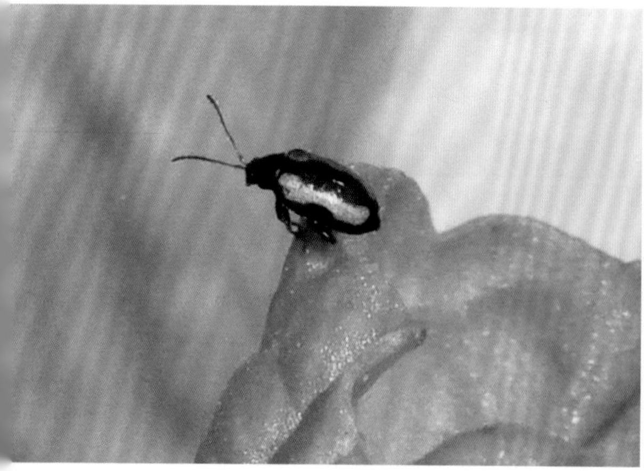

图4-27　黄曲条跳甲成虫

图4-28　菜粉蝶幼虫及其危害小白菜状

防治小菜蛾（图4-29），用0.5%苦参碱水剂600倍液、2000IU/g苏云金杆菌乳剂150mL可湿性粉剂25～30g对水40～50kg喷雾，或用绿僵菌菌粉对水稀释成含孢子（0.05～0.1）亿/mL的菌液喷雾。或每亩用40亿PIB/g小菜蛾颗粒体病毒可湿性粉剂150～200g，加水稀释成250～300倍液喷雾，遇雨补喷。或每亩用300亿PIB/mL悬浮剂25～30mL喷雾，根据作物大小可以适当增加用量。或用0.3%印楝素乳油800～1000倍液喷雾。

图4-29　小菜蛾为害小白菜（叶片上有蛹）

防治菜螟（图4-30），用2000IU/g苏云金杆菌乳剂150mL可湿性粉剂25～30g对水40～50kg喷雾，或用0.3%印楝素乳油800～1000倍液喷雾。

图4-30　菜螟幼虫

防治蚜虫（图4-31），用1kg烟叶加水30kg，浸泡24h，过滤后喷施；小茴香籽（鲜品根、茎、叶均可）0.5kg加水50kg密闭24～48h，过滤后喷施；辣椒或野蒿加水浸泡24h，过滤后喷施；蓖麻叶与水按1∶2相浸，煮15min后过滤喷施；桃叶浸于水中24h，加少量石灰，过滤后喷洒；1kg柳叶捣烂，加3倍水，泡1～2d，过滤喷施；2.5%鱼藤精600～800倍液喷洒；烟草石灰水（烟草0.5kg，石灰0.5kg，加水30～40kg，浸泡24h）喷雾。

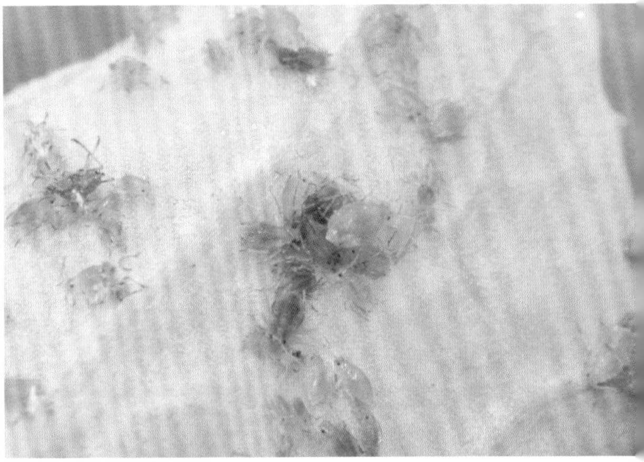

图4-31　蚜虫

防治猿叶甲（图4-32），利用成虫或幼虫的假死性，制作水盒（或水盆）置于木制简易的拖板上，随着人在行间的走动，虫子就落于推着的木盒中，然后集中处理。捕捉时一手拿盘，一手轻抖叶片，使虫子被抖入水盆中，然后集中处理，清晨进行效果较好。在幼龄期及时喷药，可选用苏云金杆菌乳剂，每亩用药100g。

防治小白菜霜霉病（图4-33），发病初期，用80%乙蒜素乳油5000～6000倍液，或每亩用1.5亿活孢子/g木霉菌可湿性粉剂200～300g，对水50～60kg，均匀喷雾，每隔5～7d喷一次，连续防治2～3次。

防治小白菜软腐病、霜霉病、病毒病（图4-34）。用植物激活蛋白大白菜专

图4-32　猿叶甲危害小白菜状

图4-33　小白菜霜霉病病叶正面出现褪绿变黄的病斑，渐转为黄色至黄褐色

图4-34　白菜病毒病病叶

用型试剂稀释1000倍喷雾，移栽成活后一周叶面喷施第一次，间隔20d喷施一次，连续4次，每亩用量45～60g。可提高产量，改善品质，使包心效果明显。

防治小白菜黑斑病（图4-35），用3%多抗霉素可湿性粉剂600～1200倍液，或2%嘧啶核苷类抗菌素水剂300～400倍液喷雾，如病情较重，隔7d再喷一次，效果独特。

图4-35　小白菜黑斑病病叶

防治小白菜软腐病（图4-36），用3%中生菌素可湿性粉剂800倍液喷淋，或1%中生菌素水剂160倍液拌种，或300～500倍液喷雾。或用2%宁南霉素水剂250倍液，或8%宁南霉素水剂1000倍液喷在发病部位，使药液能流到茎基部，间隔7～10d一次，共喷2～3次。或用72%硫酸链霉素可溶性粉剂3000～4000倍液喷雾。

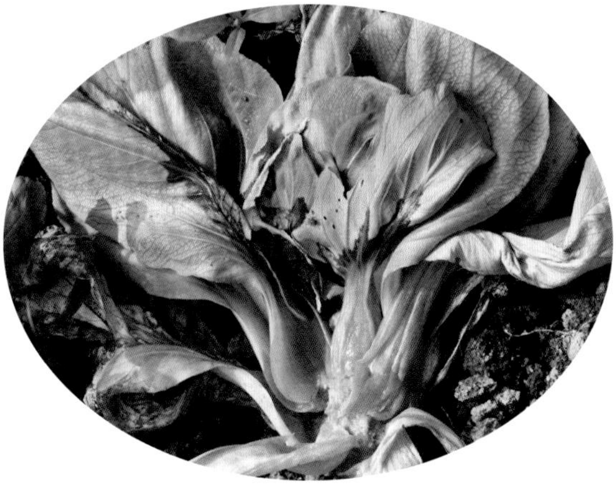

图4-36　小白菜软腐病病株

防治小白菜褐腐病（图4-37），可选用哈茨木霉、康宁木霉、木素木霉、具钩木霉等真菌制剂，或芽孢杆菌、假单孢菌、链霉菌、放线菌等生防细菌制剂。生产中可用3亿cfu/g的哈茨木霉可湿性粉剂灌根，每亩用2.7～4.0kg，每10～15d灌一次，连续2～3次。或每亩喷洒1%申嗪霉素悬浮剂80mL、6%井冈蛇床素可湿性粉剂40～60g。

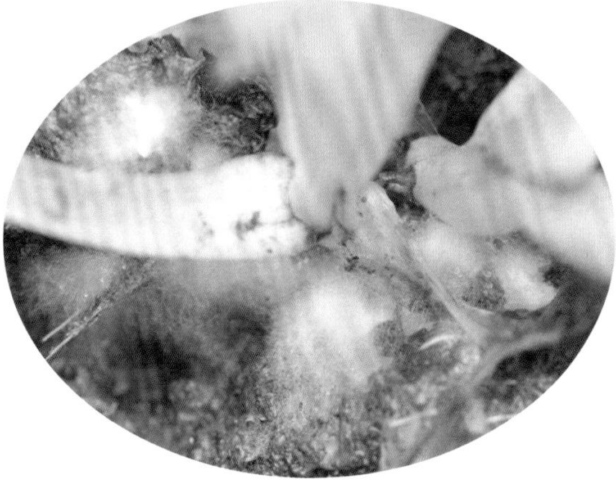

图4-37　小白菜褐腐病茎基部白色菌丝团

图4-38 小白菜根肿病

防治小白菜黑腐病，可用72%硫酸链霉素可溶性粉剂3000～4000倍液喷雾。

防治小白菜根肿病（图4-38），施用充足的干草木灰和腐熟的农家肥。每亩施干草木灰250kg，根肿病严重的地块300～400kg，沟施，在施好充分腐熟的农家肥之后，将草木灰施在农家肥料之上。施完基肥后，在垄沟内喷施300倍液的EM原液，然后合垄。播种后在播种穴内喷施300倍的EM原液，使小白菜种子一萌发即在有益菌的影响范围内，出苗后，苗3叶1心时，用EM300倍液喷施第三次，重点向根中喷施。

防治小白菜霜霉病、黑斑病、白斑病（图4-39）、白锈病（图4-40）等病害，可选用27.12%碱式硫酸铜水悬粉剂400～600倍液喷雾，或77%氢氧化铜可湿性粉剂600～800倍液喷雾，或50%春雷·王铜可湿性粉剂800倍液喷雾，或石硫合剂、波尔多液等喷雾。

图4-39 小白菜白斑病病叶

图4-40 小白菜白锈病叶片背面现淡黄色斑点，后为乳白色

有机

萝卜

栽·培·技·术

图5-1 萝卜

一、萝卜概况

1. 品种名称

萝卜（图5-1），古称芦菔、莱菔等。

2. 类别

十字花科萝卜属、能形成肥大肉质根的一、二年生植物。

3. 食疗价值

主要以根茎供食，营养丰富，可熟食、生食、腌渍（图5-2）、干制（图5-3），且有较高的药用价值，性味甘、辛、平、微凉，具有消食、顺气、止咳、化痰、生津、除燥、散瘀、解毒、治喘、利尿、醒酒和补虚等功效，对消化不良、胃酸胀满、咳嗽痰多、胸闷气喘、伤风感冒等病症均有一定疗效，因而在民间有“十月萝卜赛人参”、“萝卜进城，药铺关门”、“冬吃萝卜夏吃姜，不用医生开药方”，等美誉。萝卜还具有一定的防癌、抗癌功效，特别是可降低结肠癌的发病率。女性常用生萝卜做面膜敷脸，可使皮肤细嫩白净。萝卜富含芥子油，有利于脂肪的消化，从而起到减肥健美的作用。

4. 产品图例

萝卜可依据根形、根色、用途、生长期长短及栽培情况等分类。依根形可分为长、圆、扁圆、卵圆、纺锤、圆锥等形；依皮色可分为红（图5-4）、绿（图5-5）、白

图5-2 酱萝卜

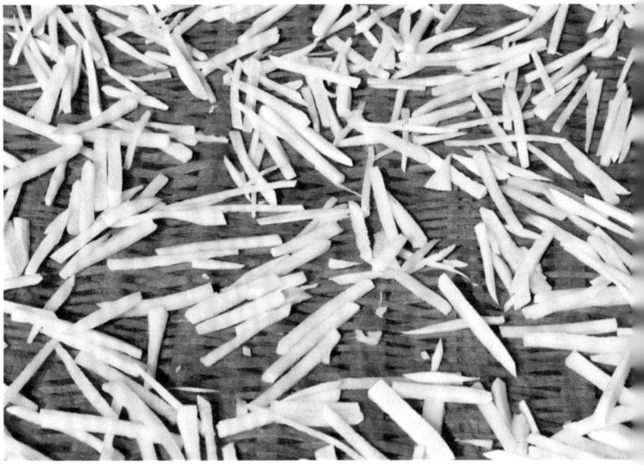

图5-3 晒萝卜干

图5-4 红皮萝卜

图5-5　绿皮水果萝卜

图5-6　天鸿春萝卜根茎　(白皮)

图5-7　紫皮甜脆水果萝卜

（图5-6）、紫（图5-7）等色；依用途可分为菜用、水果及加工腌制等类；依生长期的长短可分为早熟、中熟及晚熟等类。

5. 萝卜对环境条件的要求

（1）温度　萝卜起源于温带地区，是半耐寒性蔬菜，萝卜种子发芽最适宜的温度是20～25℃，开始发芽需2～3℃。幼苗期可耐25℃的较高温度，也能忍耐短时间－3～－2℃的低温。

萝卜属于低温敏感型的作物，在生产中为了让萝卜开花结籽（图5-8），在萝卜制种阶段要对它进行春化处理。所谓春化处理，就是对萝卜的种子或植株进行低温处理。目前，韩国耐寒品种适应范围比较广，前期温度略低，只要不低于10℃，其生长和品质也都不受影响。夏秋季白天温度高，晚上温度低，也有利于营养积累和肉质根的膨大。此外，不同类型和品种的萝卜适应的温度范围是不一样的。如四季萝卜肉质根生长适应的范围较广，为9～23℃。冬萝卜类的生长能适应的温度范围较小，尤其在高温条件下难以形成肥大的肉质根，也容易感染病毒病。

（2）光照　萝卜属长日照作物，在通过春化阶段后，需12h以上长日照及较高温度条件，萝卜植株成熟后就能开花结籽了。因此，萝卜春播时容易发生未熟抽薹现象（图5-9）。

萝卜同其他根菜类蔬菜一样，需要充足的光照，日照充足，植株健壮，光合作用强，物质积累多，肉质根膨大快，产量高，产品质量也好。光照不足则生长衰弱，叶片薄而色淡，肉质根形小、质劣。如果在光照不足的地方栽培，或株行距过密，杂草过多，植株得不到充足的光照，碳水化合物的积累就少，肉质根膨大慢，产量就降低，品质也差。播种萝卜要选择开阔的菜田，并根据萝卜品种的特点，合理密植，以提高单位面积的产量。

（3）水分　水分是萝卜肉质根的主要组成成分，在萝卜生长期中，如果水分不足，不仅产量降低，而且肉质根容易糠心（图5-10）、味苦，糖分和维生素C的含量降低，品质粗糙。

图5-8　萝卜开花结籽

图5-10　萝卜糠心

图5-9　萝卜未熟抽薹现象

图5-11　萝卜根皮粗糙状

图5-12　萝卜开裂

图5-13　萝卜分杈

如果水分过多，土壤透气性差，影响肉质根膨大，并易烂根，也容易引起表皮组织粗糙（图5-11），根痕处生有不规则的突起，影响品质。水分供应不均，易使根部开裂（图5-12）。只有在土壤相对湿度65%～80%、空气相对湿度80%～90%的条件下，才能获得优质高产的产品。地膜覆盖栽培可以节水保水，增加土壤湿度，可提高萝卜肉质根的品质。

萝卜在不同生长时期的需水量有较大差异。发芽期，按“三水齐苗”的原则浇水，就是播种后浇水一次，种芽拱土时浇水一次，齐苗后再浇水一次。幼苗期由于幼苗的根系较浅，需水量小，要少浇勤浇。叶片生长期，萝卜上部植株的叶数不断增加，叶面积逐渐增大，肉质根也开始膨大，需水量迅速加大，要适量勤浇。肉质根膨大盛期，需水量最大，要勤浇水，保持土壤湿润状态，以免缺水造成肉质根裂根。

（4）土壤　栽培萝卜应选择土层深厚疏松、排水良好、肥力好的沙壤土。土层过浅，心土紧实，易引起直根分杈（图5-13）。土壤过于黏重则排水不良，容易引起萝卜表皮不光洁，会影响萝卜的品质，且不利于萝卜肉质根膨大。一般要求土壤以中性或偏酸性为好，即pH为5.3～7。四季萝卜对土壤酸碱度的适应范围较广，要求土壤pH值为5～8。种植萝卜需要深翻土地，才能使萝卜肉质根深入土中。

（5）养分　萝卜吸肥能力强，施肥应以迟效性有机肥为主，并注意氮、磷、钾肥的配合。萝卜对土壤肥力要求很高，在全生长期仍需充足的养分供应。在生长初期，对氮、磷、钾三要素的吸收较慢。随着萝卜的生长，其对三要素的吸收也加快，到肉质根生长盛期，吸收量最大。在不同时期，萝卜对三要素的需求量是有差别的。幼苗期和莲座期正是细胞分裂、吸收根生长和叶片面积扩大时期，需氮较多。进入肉质根生长盛期，增施钾肥能显著提高品质。除了肥料三要素外，多施有机肥、补充微肥也是增加萝卜必要营养成分的措施之一。萝卜是需硼量较多的蔬菜，通常易发生缺硼症（图5-14），引起褐心病，在缺硼的土壤中种植萝卜时，以基肥形式每亩施用硼砂1kg。萝卜在整个生长期中，对钾的吸收量最多，其次为氮，磷最少。所以，种植萝卜不宜偏施氮肥，而应该重视磷、钾肥的施用。一般在耕翻土地时，要施有机肥作为基肥。一般在播种前10～15d每亩施腐熟基肥4000～5000kg，施肥后深翻、耙平，作垄或畦。

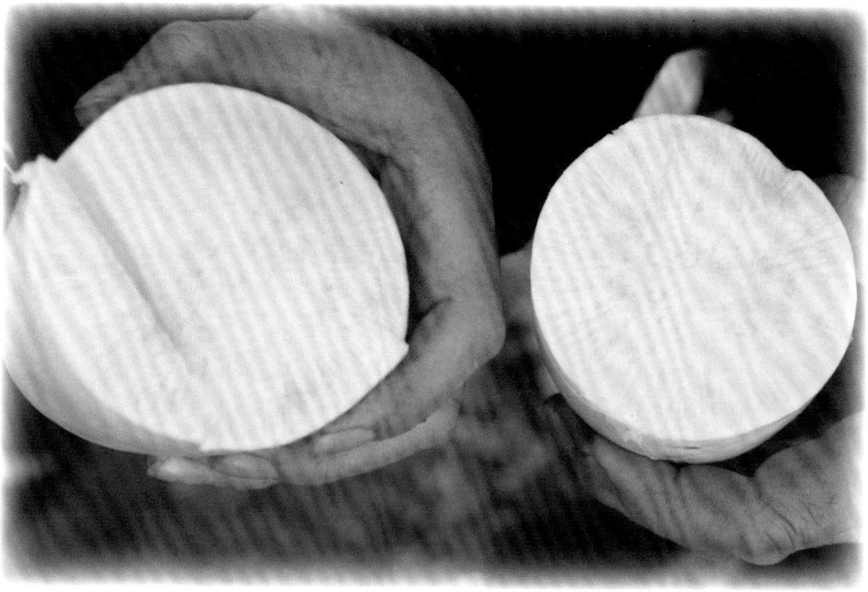

图5-14　缺硼萝卜根茎横剖面

6．栽培季节及茬口安排

长江流域有机萝卜主要为露地秋冬茬、冬春茬、春夏茬、夏秋茬栽培。有机萝卜家庭栽培茬口安排见表5。

表5 有机萝卜家庭栽培茬口安排（长江流域）

种类	栽培方式	建议品种	播期	定植期	株行距/（cm×cm）	采收期	亩产量/kg	亩用种量/g
萝卜	春露地	白玉春、春白玉、长白春、天鸿春	2月上中～4月上	条播或穴播	（20～25）×（30～40）	5～6月	1500～2000	250～500
	夏秋露地	短叶13号、宁红1号、夏抗40、东方惠美、美浓	4～7月	条播或穴播	穴播（25×30）～35	9～10月	1500～2000	250～500
	秋冬露地	白玉春、雪单1号、短叶13、南畔洲、黄州萝卜	8月上～10月上	条播或穴播	（30～40）×（40～50）	11月上～翌年1月	4000	250～500
	冬春露地	白玉春、春不老、玉长河、长白春、皓胜、春雪莲	10月中下	条播或穴播	30×33	3～4月	3000	250～500

二、有机萝卜秋冬栽培

1. 精细整地

种植秋冬萝卜（图5-15），应选择土层厚、土壤疏松的壤土或沙壤土。前茬以瓜类、茄果类、豆类蔬菜为宜，其中尤以西瓜、黄瓜、甜瓜较好，其次为马铃薯、洋葱、大蒜、早熟番茄、西葫芦等蔬菜和小麦、玉米等粮食作物。

深耕、精细整地（图5-16），耕地时间以早耕为好，第一次耕地应在前茬作物收获后立即进行，耕地的深度因萝卜的品种而异，肉质根入土深的大型萝卜应深耕33cm以上，肉质根大部分露在地上的大型和中型萝卜深耕23～27cm，小

图5-15 秋冬萝卜露地栽培

图5-16 萝卜地土壤应深翻

型品种可深耕16～20cm。耕地的质量要好，深度必须一致，不可漏耕。第一次耕起的土块不必打碎，让土块晒透以后结合施基肥再耕翻数次，深度逐次降低。最后一次耕地后必须将上下层的土块打碎。

2. 施足基肥

整地的同时要施入基肥。萝卜施肥以基肥为主，追肥为辅。基肥一定要充分腐熟，新鲜厩肥和未经充分腐熟的粪肥不要施用，以免在发酵过程中将幼苗主根烧伤，形成畸形根或引起地下害虫的为害。每亩宜施入腐熟农家肥3000～4000kg，或腐熟大豆饼肥150kg，或腐熟花生饼肥150kg，另加磷矿粉40kg及钾矿粉20kg。另外，长江流域有机萝卜基地宜每3年施一次生石灰，每次每亩施用75～100kg。

3. 播种育苗

（1）播期　秋冬萝卜应在秋季适时播种，使幼苗能在20～25℃的较高温度下生长，但播种期也不宜过于提早，以免幼苗期受高温、干旱、暴雨、病虫等的危害，使植株生长不良，也会影响后期肉质根的肥大，甚至发生抽薹糠心等现象。在长江流域，一般8月中下旬播种为宜。

图5-17　萝卜撒播

（2）播种　撒播、条播和穴播均可。

撒播（图5-17）即将种子均匀地撒播于畦中，其上覆薄土一层，这种方法的优点是可以经济利用土地，但对整地、筑畦、撒种、覆土等技术的要求更为严格，缺点是用种量较多，间苗、除草等较为费工。

图5-18　萝卜条播

条播（图5-18）即根据行距开沟播种，优点是播种比较均匀，深度较一致，出苗整齐，较撒播法省种、省工、省水。为了提高产量，也可以加宽播种的幅度，以兼具条播与撒播的优点。

穴播（图5-19）即按作物的株、行距开穴播种，或先按行距开沟，再按株距在沟内点播种子，每穴中播1粒或几粒种子。

萝卜播种一般可根据种子价格和数量的多少、不同的作畦方式、不同的栽培季节及根型大小而选用不同的方式。一般撒播亩用种量500g，点播用种量100～150g，穴播的每穴播种2～3粒。撒播的更要均匀，出苗后如果见有缺苗现象，应及时补播。

（3）密度　大型萝卜株距40cm，行距40～50cm，若起垄栽培时，株距27～30cm，行距54～60cm（图5-20）。中型品种株行距（17～27）cm×（17～27）cm。小型四季萝卜株行距为（5～7）cm×（5～7）cm。播种时的浇水方法有先浇水、播种后盖土，与先播种、盖土后浇水两种。前者底水足，上面土松，幼苗出土容易；后者容易使土壤板结，必须在出苗前经常浇水，保持土壤湿润，才易出苗。播种后盖土约2cm厚，疏松土稍深，黏重土稍浅。播种过浅，土壤易干，且出苗后易倒伏，胚轴弯曲，将来根形不正；播种过深，不仅影响出苗的速度，还影响肉质根的长度和颜色。

4．田间管理

（1）及时间苗　萝卜的幼苗出土后生长迅速，要及时间苗。间苗的次数与时间要依气候情况、病虫危害程度及播种量的多少而定，间苗应掌握“早间苗、稀留苗、晚定苗”的原则。一般在第一片真叶展开时即可进行第一次间苗，拔除受病虫侵害、生长细弱、畸形、发育不良、叶色墨绿而无光泽，或叶色太淡而不具原品种特征的苗。

图5-19　萝卜穴播

图5-20　大型萝卜适宜种植密度示意图

一般用条播法播种的，间苗3次，即在生有1～2片真叶时，每隔5cm留苗1株；苗长至3～4片真叶时，每隔10cm留苗1株；6～7片真叶时，依规定的距离定苗。

用点播法播种的，间苗2次，在1～2片真叶时，每穴留苗2株；6～7片叶时每穴留壮苗1株。间苗后必须浇水、追肥，土干后中耕除草，才能使幼苗生长良好。

（2）合理浇灌　播种时要充分浇透水，使田间持水量在80%以上。幼苗期，苗小根浅需水少，田间持水量以60%为宜，要掌握“少浇、勤浇”的原则，在幼苗破白前的一个时期内，要小水蹲苗。从破白至露肩，需水渐多，要适量灌溉，但也不能浇水过多，“地不干不浇，地发白才浇”。肉质根生长盛期，应充分均匀供水，田间持水量维持在70%～80%，空气湿度80%～90%。肉质根生长后期，仍应适当浇水，防止糠心。浇水应在傍晚进行。“露肩”到采收前10d停止浇水，以防止肉质根开裂。无论在哪个时期，雨水多时都要注意排水，防止积水沤根。

（3）追肥　基肥充足而生长期较短的品种，少施或不施追肥，尤其不宜用人粪尿作追肥。大型萝卜品种生长期长，需分期追肥，但要着重在萝卜生长前期施用。第一次追肥在幼苗第二片真叶展开时进行，每亩施腐熟沼液1500kg（按1∶10的比例对水）；第二次在“破肚”时，每亩施腐熟沼液1500kg（按1∶2的比例对水）；第三次在“露肩”期以后，用量同第二次。或在定苗后，每亩施腐熟豆饼50～100kg或草木灰100～200kg，在植株两侧开沟施下，施后盖土。当萝卜肉质根膨大盛期，每亩再撒施草木灰150kg，草木灰宜在浇水前撒于田间。追肥后要进行灌水，以促进肥料分解。

（4）中耕除草、培土、摘除黄叶　萝卜生长期间必须适时中耕数次，锄松表土，尤其在秋播的萝卜苗较小时，气候炎热雨水多，杂草容易发生（图5-21），必须勤中耕除草。高畦栽培时，畦边泥土易被雨水冲刷，中耕时，必须同时进行培畦。栽培中型萝卜，

图5-21　萝卜田禾本科杂草

图5-22　长身萝卜需培土

可将间苗、除草与中耕三项工作结合进行。四季萝卜因密度大，有草即可拔除，一般不进行中耕。长形露身的品种，因为根颈部细长软弱，常易弯曲倒伏，生长初期宜培土壅根（图5-22）。到生长的中后期必须经常摘除枯黄老叶，以利通风。中耕宜先深后浅，先近后远，至封行后停止中耕，以免伤根。

（5）防止肉质根开裂　肉质根开裂的重要原因是在生长期中土壤水分供应不均。例如秋冬萝卜在生长初期遇到高温干旱而供水不足时，肉质根周皮层的组织已渐硬化，到了生长中后期，温度适宜、水分充足时，肉质根内木质部的薄壁细胞迅速分裂膨大，硬化了的周皮层及韧皮部细胞不能相应生长，因而发生开裂现象。所以栽培萝卜在生长前期遇到天气干旱时要及时灌溉，到中后期肉质根迅速膨大时要均匀供水，才能避免肉质根开裂的损失。

（6）防止肉质根空心　萝卜空心严重影响食用价值。萝卜空心与品种、播期、土壤、肥料、水分、采收期及贮藏条件等都有密切的关系，因此在栽培或贮藏时要尽量避免各种不良条件的影响，防止空心现象的发生。

（7）防止肉质根分叉　分叉是肉质根侧根膨大的结果。导致肉质根分叉的因素很多，如土壤耕作层太浅，土质坚硬等。土中的石砾、瓦屑、树根等未除尽，阻碍了肉质根的生长，也会造成分叉。长形的肉质根在不适宜的土壤条件下，一部分根死亡或者弯曲，因此便加速了侧根的肥大生长。施用新鲜厩肥也会影响肉质根的正常生长而导致分叉。此外营养面积过大，侧根在没有遇到邻近植株根的阻碍，由于营养物质的大量流入也可以肥大起来成为分叉。相反，在营养面积较小的情况下，营养物质便集中在主根内，分叉现象较少。

（8）防止肉质根辣味　辣味是由于肉质根中芥辣油含量过高所致。其原因往往是气候干旱、炎热，肥料不足，害虫为害严重，肉质根生长不良等。此外，品种间也有很大的差异。

5. 及时采收

采收前2～3d浇一次水，以利采收。采收时要用力均匀，防止拔断。收获后挑出外表光滑、条形匀称、无病虫害、无分杈、无斑点、无霉烂、无机械伤的萝卜（图5-23），去掉大部分叶片，只保留根头部5cm的茎叶，以利保鲜。精选后的萝卜要及时清洗。

图5-23　适期采收的萝卜

三、有机萝卜春露地栽培

春萝卜是春播春收或春播初夏收获类型萝卜，生长期一般为40～60d，对解决初夏蔬菜淡季供应问题有一定作用。这种栽培方式技术简单，生长期短，可提高土地利用率，增加单位土地面积的收益。

1. 品种选择

由于生长期间有低温长日照的发育条件，栽培不当，易抽薹，应选择耐寒性强、植株矮小、适应性强、耐抽薹的丰产品种（图5-24）。

图5-24　萝卜种子

2. 播期选择

春萝卜播期安排非常重要，播种太早，地温、气温低，种子萌动后就受低温影响而通过春化，容易抽薹开花；播种过晚，气温很快升高，不利于肉质根的发育，或使肉质根出现糠心，产量下降。原则上，播种期以10cm地温稳定在6℃以上为宜，在此前提下尽量早播。在长江中下游地区，露地栽培一般于3月中下旬，土壤解冻后即可播种，不迟于4月上旬为宜。采用地膜覆盖（图5-25），还可提早5～7d播种。

图5-25　春萝卜地膜覆盖栽培

3. 整地施肥

（1）整地　避免与秋花椰菜、秋甘蓝、秋萝卜等十字花科蔬菜重茬，前作最好为菠菜、芹菜等越冬菜。早深耕、多耕翻，充分冻垡、打碎耙平土地，深耕23cm以上。农谚有“吹一吹（晒垡），足抵上一次灰”，说明对萝卜栽培对整地的要求很高。

（2）施肥　春萝卜生育期短，产量高，需肥多而集中，故应施足基肥，一般每亩施腐熟有机肥3000～4000kg，磷矿粉40kg，钾矿粉20kg（或草木灰50kg），与畦土掺匀，按畦高20～30cm作畦，畦宽1～2m，沟深40～50cm。注意施用的有机肥必须经过充分腐熟、发酵，切不可使用新鲜有机肥。基肥宜在播种前7～10d施入。偏施氮肥易徒长，肉质根味淡。施磷肥可增产，且提高品质，可在播种前穴施。

4. **及时播种**

采用撒播、条播、穴播均可。耙平畦面后按15cm行距开沟播种，然后覆土将沟填平、踏实。也可撒播，将畦面耙平后，把种子均匀撒在畦面上，然后覆土。目前在春萝卜生产中，主要采用韩国白玉春系列等进口种子，价格较贵，宜穴播，株距20～25cm，行距30～40cm，穴深1.5～2.0cm，每穴3～4粒。播后覆土或用腐熟的渣肥盖籽，稍加踏压，浇一次水，最后加盖地膜。

5. **田间管理**

幼苗出土后，及时用小刀或竹签在膜上划一个“十”字形开口（图5-26），引苗出膜后立即用细土封口。当第一片真叶展开时进行第一次间苗，每穴留苗3株；长出2～3片真叶时，第二次间苗，每穴留2株；5～6片真叶时定苗1株。对缺苗的地方及时移苗补栽。间苗距离，早熟品种为10cm，中晚熟品种为13cm。苗期应多中耕，减少水分蒸发。结合间苗中耕一次。

图5-26 萝卜穴播覆盖地膜后开口引苗出膜

早春气温不稳定，不宜多浇水，畦面发白时可用小水串沟，切忌频繁补水和大水漫畦，以免降低地温，影响生长。“破肚”后，肉质根开始急剧生长时浇水，以促进肉质根生长。浇水后适当控水蹲苗，时间为10d左右。肉质根迅速膨大期至收获期间要供应充足的水分，此期水分不足会造成肉质根糠心、味辣、纤维增多，一般每3～5d浇一次水，保持土壤湿润。无论哪个时期，雨水多时要注意排水。

春萝卜施肥原则是以基肥为主，追肥为辅，一般在定苗后结合浇水追肥，每亩施腐熟粪肥500kg左右，切忌浓度过大与靠根部太近，以免烧根。粪肥浓度过大，会使根部硬化，一般应在浇水时对水冲施；粪肥施用过晚，会使肉质根起黑箍，品质变劣，或破裂，或产生苦味。

要防止先期抽薹的现象。萝卜等根菜类蔬菜在肉质根未充分肥大前，就有先期抽薹现象。抽薹时间取决于品种特性和外界条件的影响。如果在肉质根膨大、未达到食用成熟前，遇到低温及长日照，满足了其阶段发育所需要的条件，植株就会抽薹开花。在栽培上常因品种选用不当、品种混杂、播期太早以及管理技术水平不高等引起先期抽薹，尤其在露地冬春萝卜或山地萝卜种植时更易出现先期抽薹的现象。所以，防止先期抽薹的关键在于使萝卜在营养生长期间避免通过阶段发育的低温和长日照条件。例如在不同季节、不同地区选用适宜的品种，适期播种，选用阶段发育条件严格的品种及耐抽薹的品种等。另外，加强栽培管理，肥水促控结合，也可防止和减少先期抽薹的现象。

6. 及时收获

收获是萝卜春季生产中的一个关键技术环节，当肉质根充分膨大，叶色转淡时，应及时采收，否则易出现空心、抽薹、糠心等现象，失去商品价值。春季萝卜采收越早价值越高，应适时早收，拔大留小，每采收一次，随即浇水。对于先期抽薹的植株，肉质根尚有商品价值者，应及早收获，否则其品质下降，失去商品价值；对于肉质根已经没有商品价值的植株也要拔除。

四、有机萝卜夏秋露地栽培

夏秋萝卜一般从4月下旬至7月下旬分期播种，在6月中旬至10月上旬收获。夏秋萝卜整个生长期内，尤其是发芽期和幼苗期正处炎热的夏季，不论是高温多雨还是高温干旱的气候，均不利于萝卜的生长，且易使其发生病毒病等病害，致使产量低而不稳。夏秋萝卜栽培难度大，应采取适当措施才能获得成功。

1. 品种选择

选用耐热性好、抗病、生长期较短、品质优良的早熟品种。

2. 整地施肥

前茬多为洋葱、大蒜、早菜豆、早毛豆及春马铃薯等，选择富含腐熟有机质、土层深厚、排灌便利的沙壤土，其前作以施肥多、耗肥少、土壤中遗留大量肥料的茬口为好，深耕整地、多犁多耙、晒白晒透。早熟萝卜生长期短，对养分要求较高，必须结合整地施足基肥，基肥施用量应占总施肥量的70%，一般每亩施充分腐熟的农家肥4000～5000kg，磷矿粉40kg，钾矿粉20kg（图5-27）。整

图5-27　整地前施足有机肥

地前将所有肥料均匀撒施于土壤表面，然后再翻耕，翻耕深度应在25cm以上，将地整平耙细后作畦，作高畦，一般畦宽80cm，畦沟深20cm。

3. 播种

在雨后土壤墒情适宜时播种。如果天旱无雨，土壤干旱，应先浇水，待2～3d后播种。在高畦或高垄上开沟，用干籽条播或穴播。播种密度因品种而异，小型萝卜可撒播，间苗后保持6～12cm的株距；中型品种穴播，穴距25cm，行距30～35cm，每穴2～3粒；大型品种条播，条距30～35cm，间距15～20cm，播种1～2粒。

播种后若天气干旱，应小水勤浇，保持地面湿润，降低地温。若遇大雨，应及时排水防涝。如果畦垄被冲刷，雨后应及时补种。播后用稻草或遮阳网覆盖畦面（图5-28），以起到防晒降暑、防暴雨冲刷、减少肥水流失等作用。齐苗后及时揭除稻草和遮阳网，以免压苗或造成幼苗细弱。幼苗期必须早间苗，晚定苗。幼苗出土后生长迅速，一般在幼苗长出1～2片叶时间苗一次，在长出3～4片叶时再间苗一次。定苗一般在幼苗长至5～6叶时进行。

有条件的可采用防虫网覆盖栽培（图5-29），防虫网应全期覆盖，在大棚蔬菜采收净园后，将棚膜卷起，棚架覆盖防虫网，生产上一般选用24～30目的银灰色防虫网。如无防虫网，也可用细眼纱网代替。安装防虫网时，先将底边用砖块、泥土等压结实，再用压网线压住棚顶，防止风刮卷网。在萝卜整个生育期，要保证防虫网全程覆盖，不给害虫以入侵机会。

图5-28　遮阳网塌地覆盖遮阴

图5-29　夏秋撒播萝卜苗期塌地盖防虫网防虫

4. 田间管理

萝卜需水量较多，但水分过多，萝卜表皮粗糙，还易引起裂根和腐烂，苗期缺少水分，易发生病毒病。肥水不足时，萝卜肉质根小且木质化程度高，苦辣味浓，易糠心。一般播种后浇足水，大部分种子出苗后再浇一次水。叶子生长盛期要适量浇水。营养生长后期要适当控水。肉质根生长期，肥水供应要充足，可根据天气和土壤条件灵活浇水。注意大雨后及时排水防涝，避免地表长时间积水，产生裂根或烂根。高温干旱季节要坚持傍晚浇水，切忌中午浇水，收获前7d停止浇水。

缺硼会使肉质根变黑、糠心。肉质根膨大期要适当增施钾肥，出苗后至定苗前酌情追施护苗肥，幼苗长出2片真叶时追施少量肥料，第二次间苗后结合中耕除草追肥一次。在萝卜“露白”至“露肩”期间进行第二次追肥，以后看苗追肥。追肥不宜靠近肉质根，以免烧根。中耕除草可结合浇水施肥进行，中耕宜先深后浅，先近后远，封行后停止中耕。

5. 及时采收

夏秋萝卜应在产品具有商品价值时适时早收，可提高经济效益，并避免因高温、干旱造成糠心而影响品质。

五、萝卜容器栽培

萝卜适宜庭院、阳台栽培。栽培容器可以灵活选择，但一定要有排水孔，以防沤根，通常陶质和木质容器比塑料容器透气性更好，更利于根系的生长。选择塑料容器（图5-30），夏季要特别注意防晒，以免容器内温度过高损伤根系。为了提高空间利用率，可以多层立体栽培。

图5-30 萝卜盆栽

1. 种苗

到蔬菜公司购买种子，要根据当地的气候和土壤条件选择适当的品种。播种采用穴播（图5-31），每穴播5～6粒种子。因种子有嫌光

图5-31 叶用萝卜穴播

性，播后覆浅土。发芽适温15～25℃。播后3～5d发芽，通过间苗，每穴保留2株苗。

2. 栽培基质

常用宽40cm、长60cm的塑料栽植箱，穴播或撒播，地栽可用撒播或条播。盆土用菜园土、腐叶土和粗砂的混合土加少量的腐熟饼肥。或选用蔬菜专用培养土，加入适量膨化鸡粪。注意加培养土前先在容器内铺上一层无纺布，防止培养土随水流出。倒入培养土时，上部需留3～4cm的灌水空间，并浇灌充足的水，直到盆底流出水。

3. 播种

用木棒或手指轻轻挖出条形的播种沟，间距约6cm，逐一播种，种子间距2cm左右。完成后，覆上薄薄一层培养土，能盖住种子即可。为防止水分蒸发，可盖1层报纸或无纺布，出苗后揭去。从播种至采收需25～50d。

4. 管理

播种2～3d即可出苗，出苗后移至阳光充足的地方。待长到2片真叶时，即可开始间苗。长到4～5片真叶时进行第2次间苗，株距5cm左右。间苗后浇水，植株四周可适度培土，以固定植株。苗期控制浇水次数，以免茎叶徒长。随着肉质根的逐渐变大，应及时浇水，保持土壤呈湿润状态。一旦水分供应不足，会导致萝卜畸形、变硬、口感过辣等。但同时也要注意，土壤不可过湿，以免出现裂根、烂根等现象。

播种15d左右，施液态肥料。可选择家庭栽培专用肥料，也可将牛奶、豆浆等发酵，自制肥液。如使用自制肥液，一定要将肥液充分稀释，以免烧根。

不同萝卜品种其采收期有长有短。叶用种，食萝卜秧（图5-32），播种后30～35d，有7～8片叶时，可整株收割。杨花萝卜、樱桃萝卜（图5-33），播后20～30d可采收。红萝卜、青萝卜，播后45～50d采收。圆筒形的白萝卜，播后需60～70d采收。采收时挑大的先收，采后浇水补土壤空隙。

图5-32　采收叶用萝卜

图5-33　樱桃萝卜

六、有机萝卜病虫害综合防治

对有机萝卜生产威胁较大的病害有病毒病、软腐病、霜霉病、黑斑病和黑腐病等，虫害有地老虎、蚜虫、菜青虫、菜螟、小菜蛾、黄曲条跳甲、猿叶甲、潜叶蝇等。

1. 农业防治

合理间作、套种、轮作。

选用抗病品种，秋冬收获时，要严格挑选无病种株以减少来年的毒源，减少种子带毒。

秋播适时晚播，使苗期躲过高温、干旱的季节，待不易发病的冷凉季节播种，可减轻病毒病等病害的发生。

加强田间管理，精细耕作，消灭杂草，减少传染源。施用充分腐熟的有机肥。加强水分管理，避免干旱现象。

及时拔除病苗、弱苗。

种子消毒。播种前晒种2～3h，然后用50℃温水浸种20min，取出立即移入冷水中冷却，晾干后播种，可有效防治萝卜黑腐病。

土壤消毒。越夏土壤进行深翻晒白，或在播种前覆盖塑料薄膜进行高温闷棚，杀灭棚内及土壤表层的病原菌、害虫和线虫等。

2. 物理防治

利用黑光灯、糖醋液、性诱剂诱杀害虫。用银灰色膜避蚜，也可以用黄板黏杀蚜虫。利用防虫网栽培避蚜防病毒，夏季闲棚高温进行土壤消毒等。人工捉拿大型害虫，摘除有卵块和初孵幼虫的叶片。

3. 生物防治

应用保幼激素使菜青虫畸形或拒食而死亡。或用500～1000倍的BT乳剂或青虫菌喷雾防治菜青虫。用杀螟杆菌防治菜青虫，每0.5kg药剂加水250～400kg喷雾。施药时加入少量洗衣粉做展着剂。

4. 药剂防治

在发病初期，用农抗120水剂500～600倍液灌根，能有效防治病害蔓延。发病初期，喷撒淡石灰水或1：1：200的波尔多液，每7～10d喷一次，连喷2～3次，可有效地控制病害。或用0.2%～0.3%石灰倍量式波尔多液、0.5%卫保水剂500～600倍液、儿茶素500倍液或竹醋液500倍液等防治病害。

防治蚜虫（图5-34），可用2.5%鱼藤酮乳油400～500倍液，或1%苦参碱水剂600～700倍液喷雾防治。

防治斜纹夜蛾（图5-35）、甜

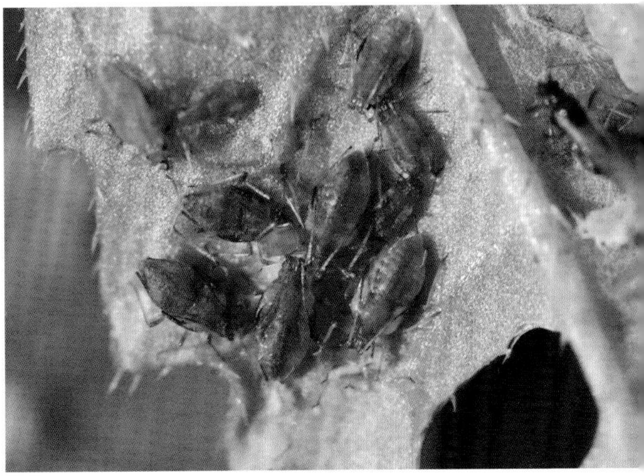

图5-34　桃蚜危害萝卜叶

图5-35　萝卜叶上的斜纹夜蛾幼虫

菜夜蛾（图5-36）、黄曲条跳甲（图5-37）等，于1～2龄幼虫盛发期时施药，用0.3%印楝素乳油800～1000倍液喷雾。根据虫情约7d后可再防治一次。

防治菜青虫（图5-38），在成虫产卵高峰后7d左右，幼虫处于2～3龄时施药防治，每亩用0.3%苦参碱水剂62～150 mL，加水40～50kg喷雾，或用3.2%苦参碱乳油1000～2000倍液喷雾。对低龄幼虫效果好，对4～5龄幼虫敏感性差。持续期7d左右。或用2000IU/g苏云金杆菌乳剂150mL或可湿性粉剂25～30g对水40～50kg，或绿僵菌菌粉对水稀释成含孢子（0.05～0.1）亿/mL的菌液喷雾。或用0.3%印楝素乳油800～1000倍液、复合川楝素1000倍液喷雾。

防治菜螟（图5-39），用2000IU/g苏云金杆菌乳剂150mL或可湿性

图5-36　甜菜夜蛾幼虫危害萝卜叶

图5-37　黄曲条跳甲成虫危害萝卜

图5-38　萝卜叶片上的菜青虫

图5-39　菜螟危害萝卜

粉剂25～30g对水40～50kg喷雾。或用0.3%印楝素乳油800～1000倍液喷雾。

防治猿叶甲（图5-40），利用成虫或幼虫的假死性，制作水盒（或水盆）置于木制简易的拖板上，随着人在行间的走动，虫子就落于推着的木盒中。捕捉时一手拿盆，一手轻抖叶片，使虫子被抖入水盆中，然后集中处理，清晨进行效果较好。在幼龄期及时喷药，可选用苏云金杆菌乳剂，每亩用药100g。

防治萝卜霜霉病（图5-41）、萝卜黑斑病（图5-42）、萝卜白斑病（图5-43）、萝卜白锈病（图5-44）及萝卜炭疽病等病害，可选用77%氢氧化铜可湿性粉剂600～800倍液喷雾，或用50%春雷·王铜可湿性粉剂800倍液、5%菌毒清水剂200～300倍液、石硫合剂、波尔多液等喷雾。

图5-40 猿叶甲危害萝卜叶片状

图5-41 萝卜霜霉病病叶

图5-42 萝卜黑斑病田间发病状

图5-43 萝卜白斑病病叶正面

图5-44　萝卜白锈病病叶背面

防治萝卜黑腐病（图5-45）、萝卜软腐病（图5-46）等，可用72%硫酸链霉素可溶性粉剂3000～4000倍液喷雾，或2%嘧啶核苷类抗菌素水剂150～200倍液灌根防治。

病株拔除后用石灰水灌穴杀菌。每亩用石灰粉50～80kg撒施，然后深翻两遍，进行土壤消毒，可有效防治病害。

图5-45　萝卜黑腐病叶片中肋呈淡褐色

图5-46　萝卜软腐病根部发病症状

有机

菠菜

栽·培·技·术

图6-1 菠菜

一、菠菜概况

1. 品种名称

菠菜（图6-1），又名波斯菜、尖叶菠菜、中国菠菜、鹦鹉菜、红根菜、飞龙菜、菠棱、角菜、赤根菜等。

2. 类别

藜科菠菜属、以绿叶为主要产品器官的一、二年生草本植物。

3. 食疗价值

菠菜以绿叶及幼嫩植株为产品供食用，柔嫩可口，营养丰富，一直被推崇为养颜佳品，颇受健美人士的青睐。因其含有人体造血原料之一的铁，常吃菠菜，令人面色红润，光彩照人，不易患缺铁性贫血。菠菜含草酸较多，有碍机体对钙的吸收，故食用菠菜时宜先用沸水烫软，捞出再炒。婴幼儿以及肺结核、软骨病、肾结石、腹泻等患者，应少吃或暂不吃菠菜。菠菜性甘凉，养血、止血、润燥，可防治便秘，使人容光焕发。民间常用菠菜捣烂取汁，每周洗脸数次，连续使用一段时间，可清洁皮肤毛孔，润泽肌肤，预防与减少皱纹，消除色素斑，使皮肤保持光洁。女性朋友常食菠菜或用菠菜外敷脸部，有润肤防皱、祛斑美容的功用。儿童每天吃1000g菠菜，对肌肉发育有好处。糖尿病患者常食菠菜对维护体内血糖稳定、对疾病康复大有裨益。

4. 产品图例

依据菠菜叶片的形状和果实上棱刺的有无，可将菠菜分为尖叶（有刺）（图6-2）、圆叶（无刺）（图6-3）两种类型。

5. 菠菜对环境条件的要求

（1）温度　菠菜是绿叶菜类蔬菜中耐寒力最强的一种蔬菜，在长江流域以南可以露地越冬，华北、东北、西北用风障加无纺布地面覆盖，也可在露地栽培越冬。菠菜的耐寒力与植株的生长发育时期、苗龄有密切关系，幼苗只有1～2片叶和将要抽薹的植株，其耐寒性较差。耐寒力强的品种，4～6片真叶时可耐短期－30～－40℃的低温。种子

图6-2　尖叶菠菜

图6-3　圆叶菠菜

图6-4　菠菜抽薹开花

萌发的最低温度为4℃，最适温度为15～20℃。适温下4d，发芽率达90%以上；温度过高则发芽率降低，发芽天数增加，35℃时发芽率不到20%。所以高温季节播种时，种子必须事先放在冷凉环境中浸种催芽。菠菜萌动的种子或幼苗在0～5℃下经5～10d通过春化阶段。

（2）光照　菠菜属低温长日照作物，花芽分化主要受日照长短的影响，在长日照和高温下容易通过光照阶段，在长日照下低温有促进花芽分化的作用。花芽分化后温度升高，日照加长时抽薹、开花加快。越冬菠菜进入翌年春夏季，植株就会迅速抽薹开花（图6-4）。

根据温度和日照时间对菠菜营养生长和生殖生长的影响，确定适宜播种期的原则是：播种出苗后，基生叶的生长期尽可能处在日平均温度为20～25℃的范围内，争取有较多的叶数和较肥大的叶片；花芽分化后，温度降低，日照时间缩短，使基生叶有较长的生长时期，从而提高单株质量。

（3）水分　菠菜叶面积大，组织柔嫩，气孔阻力小，蒸腾作用旺盛。因此，生长过程中需水量大，在空气相对湿度80%～90%、土壤湿度70%～80%的环境条件下生长最旺盛，叶片厚、品质好、产量高。菠菜在生长期缺水，生长缓慢，叶肉老化，纤维增多，尤其在高温、干燥、长日照下，会促进花器官发育，使其提早抽薹。但水分过多时，土壤透气性差，易板结，不利根系活动，植株生长也不良。

（4）土壤　菠菜对土壤的性质要求不严格，适应性较广，以种植在保水、保肥、潮湿、肥沃、pH6～7.5的中性或微酸性壤土中为宜。在酸性土壤中生长缓慢，过酸时叶色变黄（图6-5），叶片变硬，无光泽，不伸展。所以，酸度太大的土壤应施用石灰或草木灰中和酸性。菠菜在沙壤土、壤土及黏壤土中都可以栽培，可根据不同栽培季节选择适宜的土壤。例如，以春季早上市为目的时，可选择沙壤土种植，这样早春地温升高较快，菠菜越冬后返青快，可以早采收；以高产为目的时，可选择保水、保肥力比较好的壤土或黏质壤土。

图6-5　菠菜在过酸的土壤中叶片易变黄

（5）肥料　菠菜是速生绿叶菜，种植密度大，产量较高，因此生长期需要有充足的速效性养分供给。每亩菠菜可吸收氮4.1～9.3kg，磷1.0～3.7kg，钾5.7～19.0kg。氮肥充足时，叶部生长旺盛，不仅可以提高产量，增进品质，而且可以延长供应期；缺氮时，植株矮小，叶片发黄、小而薄、纤维多，易抽薹。在缺硼的田块中种植菠菜，心叶卷曲、失绿，植株矮小，在施肥时配合施用硼砂，每亩0.5～0.75kg，或者对水配成溶液喷施叶面，可防止缺硼现象的发生。

6. 栽培季节及茬口安排

有机菠菜家庭栽培茬口安排见表6。

表6　有机菠菜家庭栽培茬口安排（长江流域）

种类	栽培方式	建议品种	播期	定植期	采收期	亩产量/kg	亩用种量/g
菠菜	春露地	上海圆叶、圆叶菠菜、法国菠菜	2月下～3月上中	直播	4月中～5月中下	1000～1500	3500
	秋露地	华菠1号、绍兴菠菜、大叶菠菜	8月上～9月中	直播	10～11月	1500	5000
	冬露地	菠杂9号、10号、沈阳大叶圆菠、华菠2号	9月下～11月上	撒播	11月下～4月	1500	4000～5000

二、有机菠菜秋季栽培

秋菠菜（图6-6）是指8月上旬至9月中旬播种，10月至11月收获的一茬菠菜。该茬菠菜在生长期内，温度逐渐下降，日照时间逐渐缩短，气候条件对叶丛的生长有利。该茬菠菜表现产量高，品质优，是菠菜一年中的栽培主茬。

1. 品种选择

秋菠菜播种后，前期气温高，后期气温逐渐降低，光照比较充足，适合菠菜生长，日照逐渐缩短，不易通过阶段发育，一般不抽薹，在品种选择上不是很严格。但早秋菠菜宜选用较耐热抗病、不易抽薹、生长快的早熟品种（图6-7）。

2. 整地施肥

选择向阳、疏松肥沃、保水保肥、排灌条件良好、中性偏酸性的土壤。前茬收获后，深翻20～25cm，清除残根，充分烤晒过白。整地时，每亩施腐熟有机肥4000～5000kg、磷矿粉25～30kg、钾矿粉20kg、石灰100kg，整平整细，做成平畦或高畦，畦宽1.2～1.5m。

3. 播种育苗

（1）播种方式　菠菜一般采用直播，且以撒播（图6-8）为主。

图6-6　秋菠菜露地栽培

图6-7　菠菜种子

图6-8　菠菜撒播苗期生长状况

早秋菠菜最好在保留顶膜并加盖遮阳网的大、中棚内栽培，或在瓜棚架下播种。

（2）催芽播种　新收种子有休眠期，最好用陈种子。每亩用种5kg。可播干种子，但早秋播种因高温期间难出苗，可催芽湿播，即将种子装入麻袋内，于傍晚浸入，次晨取出，摊开放于屋内或防空洞阴凉处，上盖湿麻袋，每天早晚浇清凉水一次，保持种子湿润，7～9d左右，种子即可发芽，然后播种；也可把种子放在4℃左右低温的冰箱或冷藏柜中处理24h，然后在20～25℃的条件下催芽，经3～5d出芽后播种。

播前先浇底水，然后播种，轻梳耙表土，使种子落入土缝中，再浇泼一层腐熟人畜粪渣或覆盖2cm厚细土，上盖稻草或遮阳网，苗出土时及时揭去部分盖草。幼苗1.5～2片叶时，间拔过密小苗，结合间苗拔除杂草。

4. 田间管理

（1）遮阴　幼苗期高温强光照时，于10：30～16：30盖遮阳网，阵雨、暴雨前应盖网或盖膜防冲刷、降湿，雨后揭网揭膜。

（2）浇水　幼苗期处于高温和多雨季节，土壤湿度低，要勤浇水、浇小水、浇清凉水，早晚各一次，随着苗逐渐长大，减少浇水次数，以保持土壤湿润为原则，切忌大水漫灌，雨后注意排涝。在连续降雨后突然转晴的高温天气，为防菠菜生理失水，引起叶片卷缩或死亡，应在早晚浇水降温。到幼苗长有4～5片叶时，进入旺盛生长期，需水量大，据土壤墒情及时灌水。一般在收获前灌水3～4次。

（3）追肥　追肥应早施、轻施、勤施，土面干燥时施，先淡施后浓施。阵雨、暴雨天，或高温高湿的南风天不宜施。前期高温干燥，长出真叶后，天气较凉爽时，傍晚浇泼一次20%左右的清淡粪水，以后随着植株生长与气温降低，逐步加大追肥浓度。但采收前15d应停施粪肥。

5. 及时采收

一般播后35～40d，苗高10cm、有8～9片叶时，开始分批间拔大苗，陆续上市。菠菜商品要求同一品种或相似品种，大小基本整齐一致（图6-9），鲜嫩、翠绿，叶片光洁，无泥土及

图6-9　菠菜采收

草，无白斑，无病虫害，无老叶、黄叶、子叶。切根后，根长不超过0.5cm，茎叶全长14～20cm。菠菜从菜地采收后，在清水池中轻轻淋洗，去掉污泥，即放室内整理一遍，按质量检测要求分成等级，扎成0.5～1kg小捆，而后整齐地装入菜筐。

三、有机菠菜春露地栽培

春菠菜是指于早春播种、春末夏初收获的一种栽培方式，一般为露地栽培，不加设施，4月中旬～5月中下旬采收。春菠菜播种时，前期气温低，出苗慢，不利于叶原基的分化，后期气温高，日照延长，有利于花薹发育，所以植株营养生长期较短，叶片较少，容易提前抽薹，产量较低。

1. 品种选择

春菠菜播种出苗后，气温低，日照逐渐加长，极易通过阶段发育而抽薹。因此，要选择耐寒和抽薹迟、叶片肥大、产量高、品质好的品种。

2. 整地施肥

选背风向阳、肥沃疏松、爽水的中性偏微酸性土壤，前茬收获后，清除残根，深翻土壤。整地时每亩施腐熟有机肥4000～5000kg、磷矿粉40kg、钾矿粉20kg，撒在地面，深翻20～25cm，耙平作畦，深沟、高畦、窄垄，一般畦宽1.2m左右，并用薄膜将畦土盖好待播种。

3. 播种培苗

开春后，气温回升到5℃以上时即可播种，南方一般宜在2月下旬～3月上中旬。播种太早，因播种时温度低，播种到出苗时间延长，抽薹提前，反而不利于产量的提高；播种太迟，因生长中后期雨水多，温度高，易感染病害，产量下降。

春菠菜播种时温度仍比较低，如果干籽播种，播种后的出苗期需要15d以上，这就使出苗后的叶丛生长时间缩短，导致产量降低。因此，播前最好先浸种催芽，方法是将种子用温水浸泡5～6h，捞出后放在15～20℃的温度下催芽，每天用温水淘洗一次，3～4d便可出芽。播种时先浇水，再撒播种子，播后用梳耙反复耙表土，把种子耙入土中，然后撒一层陈垃圾或火土灰盖籽，再浇泼一层腐熟人畜粪渣或覆土2cm左右。

4. 田间管理

（1）防寒保温　前期可用塑料薄膜直接覆盖到畦面上，或用小拱棚覆盖保温，促进早出苗。直接覆盖时，出苗后应撤去薄膜或改为小拱棚覆盖（图6-10）。小拱棚昼揭夜盖，晴揭雨盖，尽量让菠菜幼苗多见光、多炼苗。

（2）追肥浇水　选晴天及时间苗，并根据天气、苗情及时追施肥水。一般从幼苗出土到2片真叶展平前不浇肥水，前期可用腐熟畜粪水淡施、勤施，进入旺盛生长期，勤浇沼液肥，每亩顺水追施沼液肥500kg。以后根据土壤墒情，酌情浇水，保持土壤湿润，一般浇水3～5次。采收前15d要停追施畜粪水，而改为追施速效有机氮肥（如沼液肥）。供应充足氮肥，促进叶片生长，可延迟抽薹，是春菠菜管理的中心环节。

图6-10　春菠菜小拱棚覆盖栽培

（3）适时采收　一般播后30～50d，抢在抽薹前根据生长情况及时采收。

四、有机菠菜夏季栽培

夏菠菜，又称伏菠菜，是指于5～7月分期排开播种，6月下旬～8月下旬采收的一茬菠菜。夏季高温和强光的不利气候条件，对菠菜种子出苗及植株的正常生长造成不良影响，从而使夏菠菜产量低，品质差，且易先期抽薹，病虫害难以控制，因而栽培难度大，其栽培要点如下。

1. 品种选择

选用耐热性强、生长迅速、抗病、产量高、不易抽薹的品种。

2. 整地施肥

夏菠菜生长阶段正处于高温期，当营养生长受到抑制时，播种后很短的时间内就会抽薹。为了促进营养生长，防止过早抽薹，应供应充足的肥水。要重施基肥，前茬作物收获后，清洁田园，立即施肥整地，每亩撒施腐熟堆肥3000～4000kg、磷矿粉30～35kg、钾矿粉10～15kg作基肥。

3. 播种育苗

5月中旬～7月上旬分期排开播种。种子须经低温处理，可用井水催芽法，即将种子装入麻袋内，于傍晚浸入，次晨取出，摊开放于屋内或防空洞阴凉处，上盖湿麻袋，每天早晚浇清凉水一次，保持种子湿润，7～9d左右，种子即可播种；也可将种子放在4℃左右低温的冰箱或冷藏柜中处理24h，然后在20～25℃下催芽，经3～5d出芽后播种。

在黏质地块种夏菠菜，因土壤水分不易下渗或蒸发，因此最好用起垄栽培的方式。一般50cm起1垄，每垄种2行，5cm 1穴，每穴播2粒，一般每亩用种1kg左右。在沙壤土地块种植夏菠菜，因水分易下渗或蒸发，可用畦栽。一般作1.5m宽的畦，其中畦面宽1.15m，垄宽35cm，每畦种9行，株距2.5cm，行距12cm，每亩用种3.5kg。

4. 田间管理

（1）遮阳　全程应采取避雨栽培，出苗后利用大棚或中、小拱棚覆盖遮阳网，晴盖阴揭，迟盖早揭，降温保湿，防暴雨冲刷。遮阳网的遮阳率应达60%，安装的遮阳网最好距离棚膜20cm（降温效果显著）并可自由活动。在晴天的上午10时以后至下午4时以前的高温时段，将大棚用遮阳网遮盖防止阳光直射；在阴雨天或晴天的上午10时以前和下午4时以后光线弱时，将遮阳网撤下来，既可防止强光高温，又可让菠菜有充足的阳光进行光合作用。有条件的最好在长出真叶后于大棚上加0.45mm孔径的防虫网避虫，采收前15d去除遮阳网。

（2）浇水　要勤浇水、浇小水、浇清凉水，早晚各一次，随着苗逐渐长大，减少浇水次数，保持土壤湿润。切忌大水漫灌，雨后注意排涝。旺盛生长期，需水量大，据土壤墒情及时灌水。

（3）追肥　追肥要掌握轻施、勤施、土壤干燥时施、先淡施后浓施。出真叶后及时浇泼一次20%左右的清淡畜粪水，但采收前15d应停施粪肥，生长盛期，应分期结合浇水追施速效肥2～3次，每亩用沼液500kg。每次施肥后要连续浇5d清水。

（4）适时采收　一般播后25d，苗高20cm以上时，可开始采收。

五、菠菜容器栽培

菠菜可在庭院、阳台栽培。栽培容器用塑料周转箱或盆（图6-11）。一般8～9月播种，播种至收获40d，每平方米产量1～1.5kg。

1. 播种

购买或自留种子，种子可贮藏3年。庭院地播或播于塑料箱，播前种子浸泡12h，播后覆浅土，发芽适温为15～20℃，播后7～10d发芽。叶片由小到大，叶片数由少到多。

图6-11 菠菜盆栽

2. 栽植

庭院或40cm×60cm塑料箱、盆，采用直接撒播。直播时要求种子匀称，切忌过密，浪费种子。土壤用肥沃园土或培养土，发芽出苗后30～40d开始分批间苗。菠菜苗也可食用。

3. 管理

播种后浇透水，出苗后每3～4d浇水一次，保持土壤湿润，切忌过湿，导致发生黄叶、烂根。地栽雨后注意排水，防止水淹。

苗期每周施肥一次，用腐熟饼肥水，开始间苗或食用苗时，每2周施肥一次。施肥时不要洒到叶片上，以免发生焦斑。生长过程中，不断摘除黄叶、枯叶和拔除病虫为害的叶片。

苗期注意立枯病和蚜虫的为害。蚜虫可用黄色板诱杀。

4. 采收

秋季播种的菠菜，播后30d，具4～5片真叶时开始分批采收。如果连根拔取，采后可补撒一层细土，保护留地植株的根部。春季播种的菠菜，播后40d，可分批采收。

六、有机菠菜主要病虫害综合防治

菠菜主要虫害有地下害虫、甜菜夜蛾、蚜虫、斑潜蝇、菜螟、蜗牛等。主要病害有立枯病、炭疽病、白斑病、枯萎病、霜霉病和病毒病。因菠菜生长期短，病害很少发生，主要通过合理的轮作和间作、合理施肥和灌溉、中耕除草、施用无菌有机肥等农业防治法，或利用微生物制剂防治病害。

1．农业防治

选用抗病品种。播前采用药剂浸种进行种子消毒。选择地势高燥、透风、排水良好的地块种植。实行轮作换茬，避免与藜科植物连作。施足基肥，增施磷钾肥，提高植株抗病能力。将充分腐熟的有机肥均匀施入田间，深施30cm左右，防止成虫产卵。收获后及时清洁田园，深翻土地，冬前最好能够耕翻冻垡，以减少病源、虫源基数。合理灌溉，防止地块积水，雨后及时排水，控制土壤湿度，严禁大水漫灌。合理密植，改善通风透光条件。及时清理菜畦里的残枝枯叶及杂草，降低幼虫孵化和成虫羽化率，防止病菌传播。排开播种，躲过病期，培育壮苗。高湿季节种植采用遮阳网或无纺布遮阴防雨。及时采收。

2．生物防治

利用天敌防蚜，蚜虫的天敌有七星瓢虫、异色瓢虫、食蚜蝇及蚜霉菌等，它们对蚜虫有不可替代的灭杀作用。因此，在生产中对它们注意保护并加以利用，使蚜虫的种群控制在不足以为害的数量之内。用500～1000倍的Bt乳剂喷雾防治菜螟。用杀螟杆菌0.5kg药剂加水250～400kg，喷雾防治菜螟。施药时加入少量洗衣粉做展着剂。

3．物理防治

用糖醋液、性诱剂等诱杀菜螟成虫。田间覆盖银灰色地膜驱避蚜虫。应用害虫信息素防治，干扰害虫的雌雄交配以及诱集成虫，使其虫口密度下降，能有效降低其危害程度。使用防虫网阻隔害虫，可选用20～25目的白色或灰色防虫网，柱架立棚防治虫害。用灭蝇纸诱杀潜叶蝇成虫，每亩设置15个诱杀点诱杀。或悬挂30cm×40cm大小的橙黄色或金黄色黄板涂黏虫胶、机油或色拉油，诱杀潜叶蝇、蚜虫。人工捉拿甜菜夜蛾幼虫、菜青虫等。

4．药剂防治

防治甜菜夜蛾，在卵孵化盛期用8000IU/μL苏云金杆菌可湿性粉剂200倍液喷雾防治。

防治蚜虫（图6-12），用沼液或堆肥提取液。或把烟草磨成细粉，加少量生石灰撒施。或把辣椒加水浸泡一昼夜，过滤后喷洒。或每亩用洗衣粉400～500倍液60～80kg，连喷2～3次，可起到良好的防治作用。

防治潜叶蝇（图6-13），在幼虫2龄前进行防治效果最为理想。用药时期应在潜叶蝇幼虫低龄期，虫道不超过1cm时，可及时控制潜叶蝇的为害。防治成虫应在其羽化高峰期的上午用药。

用生物源农药托盾乳油100～150倍液，或大印乳油1000～1500倍液防控虫害。

采用清源保500倍液、1.5%天然除虫菊素500倍液、7.5%鱼藤酮500倍液或苦参碱水剂500倍液等喷雾防治虫害。

防治菠菜霜霉病（图6-14）、炭疽病（图6-15）、猝倒病（图6-16）等真菌性病害。发病初

图6-12　蚜虫为害菠菜叶片

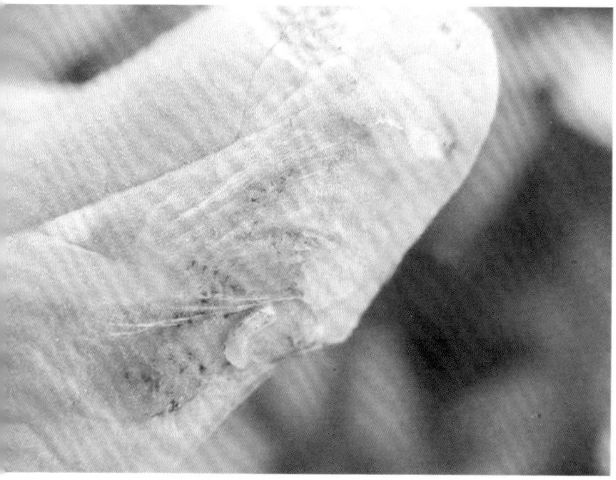

图6-13　菠菜潜叶蝇危害

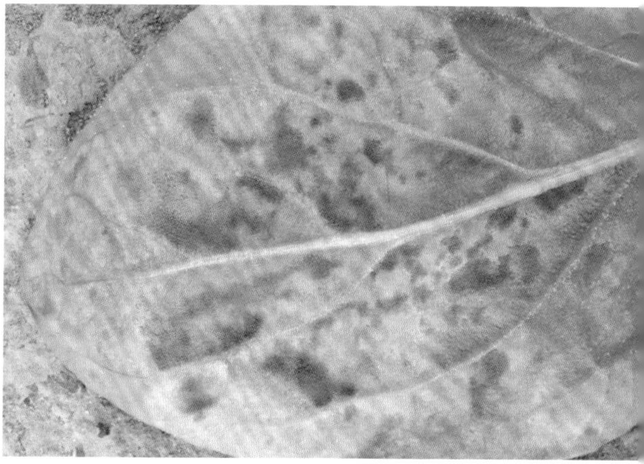

图6-14　菠菜霜霉病叶背淡紫色霉层

图6-15　菠菜炭疽病病叶

图6-16　菠菜猝倒病

期，先清除病株病叶，再用农抗120的2%水剂150～200倍液喷雾，重点喷洒茎基和基部叶片。还可用春雷霉素、多抗霉素、井冈霉素、中生菌素等农用抗生素防治。

或用硫黄悬浮剂、石硫合剂等矿物源硫制剂杀菌，也可用王铜、氢氧化铜、波尔多液等矿物源铜制剂杀菌，应注意轮换药剂种类，并有一定间隔期。

有机

蕹菜

栽·培·技·术

图7-1 蕹菜

一、蕹菜概况

1. 品种名称

蕹菜（图7-1），又名瓮菜、空心菜、竹叶菜、通菜或藤菜。

2. 类别

旋花科甘薯属，一年生或多年生草本植物，以嫩茎叶为产品。

3. 食疗价值

蕹菜以嫩叶和嫩茎供食用，可凉拌、炒食、煮汤或做泡菜。蕹菜具有清热解毒、利尿、止血等药用价值。蕹菜中含有丰富的维生素C，其含量高于大白菜，可预防坏血症，增强人体抗病能力，对预防若干慢性疾病，尤其对预防心血管病或癌症有一定作用。蕹菜中的叶绿素，有清洁牙齿、预防龋齿的作用。蕹菜富含膳食纤维、木质素和果胶等成分，是解药毒、排泄体内毒素的佳蔬。蕹菜中含有类似于维生素K的止血成分，可维护人体血液正常凝固，减少生理期大量出血，还可防治内出血及痔疮。经常流鼻血的人，应多食用蕹菜。民间常把蕹菜视为凉血止血的灵丹妙药，常将蕹菜嫩茎叶捣烂，用蜂蜜调服。

图7-2　子蕹

4. 产品图例

蕹菜有子蕹（图7-2）和藤蕹（图7-3）两种。

图7-3　藤蕹

5. 蕹菜对环境条件的要求

蕹菜性喜高温多湿的环境。种子在15℃左右开始发芽，低于10℃种子不能发芽，茎节腋芽萌动需要30℃以上的温度。蔓叶生长适温为25～30℃，温度高，蔓叶生长旺盛，采摘间隔时间短。蕹菜能耐35～40℃的高温，15℃以下蔓叶生长缓慢，10℃以下生长停止。不耐霜冻，茎叶遇霜即枯萎（图7-4）。

图7-4　蕹菜遇霜或低温障碍

蕹菜要求较高的空气湿度和湿润的土壤，如果环境干旱，则藤蔓纤维增多、粗老，不堪食用，且产量及品质降低。

蕹菜适应性强，对土壤条件要求不严格，黏土、壤土、沙土、水田、旱地均能栽培。但因其喜肥喜水，故以较黏重、保水保肥力强的壤土为好。蕹菜对氮、磷、钾的吸收量以钾较多，氮其次，磷最少，但对钙的吸收量比磷和镁多，镁的吸收量最少。吸收量和吸收速度都随着生长而逐步增加。在生长的前20d其氮、磷、钾的吸收比例为3：1：5，在初收期（40d）则为4：1：8，即在生长后期其需要的氮、钾比前期要多。

图7-5　蕹菜在长江流域只开花不结实

蕹菜为短日照作物，短日照条件能促进开花结实，在北方长日照条件下不易开花结实，因此留种较困难。有些品种在长江流域或广州都不能开花，或只开花不结实（图7-5），所以只能采用无性繁殖。

6. 栽培季节及茬口安排

有机蕹菜家庭栽培茬口安排见表7。

表7　有机蕹菜家庭栽培茬口安排（长江流域）

种类	栽培方式	建议品种	播期	定植期	采收期	亩产量/kg	亩用种量/kg
蕹菜	春露地	泰国、园叶青梗、白梗空心菜	3月下～5月	撒播或条播	5～9月	1000～40000	18～30
	夏露地	泰国空心菜	6～8月	撒播或条播	7月上～10月	1000～4000	18～30

二、有机蕹菜栽培

1．品种选择

选用江西大叶空心菜、泰国空心菜，一次性采收的还可选用广西白籽或黑籽空心菜（图7-6）。

2．整地施肥

蕹菜分枝性强，不定根发达，生长迅速，栽培密度大，采收次数多，丰产耐肥，应选择向阳、肥沃、有水源的地块种植。栽植前20d施基肥，每亩施腐熟有机肥2500～3000kg或畜粪尿1500～2000kg，磷矿粉40kg，钾矿粉20kg（或草木灰100kg），翻入土中作基肥，整平作畦，闭棚升温。注意基肥要提前施用，不能施完基肥就播种。

3．育苗定植

播种前先用55℃左右温水浸泡种子30min，然后用25℃左右常温水浸泡24h，捞出洗净后置25℃左右催芽室催芽，待种子破皮露白点后，苗床打透底水，即可播种。

撒播或条播均可，多采用撒播（图7-7），每亩用种量25～30kg，条播每亩用种量18～22kg。撒播应将种子均匀地撒在畦面上，再用木板在畦面上均匀地拍打，使种子与土壤结合紧密，有利于水分吸收，促进发芽生长。条播要先在畦面上横向划出一条条深2～3cm的小沟，沟距15cm，然后将种子均匀地播在沟内。播后覆盖细土1～2cm厚，浇足水。

图7-6　蕹菜种子

图7-7　蕹菜撒播

图7-8　大棚蕹菜栽培

图7-9　蕹菜移栽

冬春季大棚早熟栽培（图7-8），畦面盖地膜，畦上架小拱棚，然后闭大棚增温保湿。多数出苗后揭除地膜，加强大棚通风透气管理，保持白天棚温25℃左右，夜间12℃以上。播种30d待苗高15～20cm时，即可间苗上市，7d左右一次，分3～4次大量采收，留一部分坐蔸或按10cm×20cm株行距定植大田，每窝2～3株。大棚膜可延至5月下旬揭除。

因蕹菜茎节可生不定根，可以进行扦插育苗。大田扦插按行距20cm、穴距20cm定植（图7-9），每穴1～2株。插条斜插入土6cm，留2～3节叶片露出土面，压紧表土，每天浇水一次，连续浇4～5d直到成活。

4. 田间管理

缓苗后，应及时中耕、蹲苗。随着气温升高，经常浇水，大棚早栽要保持土壤湿润和较高的空气湿度，每天淋水2次。但若遇长期阴雨天，相对湿度长期在100%时，会诱发病害，此时要适当减少淋水次数和水量，并且在无雨天、气温15℃以上的中午进行通风降湿。遇寒潮、大北风天或夜晚，要做好大棚的密封保温工作，保证棚内温度在12℃以上，10℃以下植株会受冻而死亡。阳光充足、温度较高的白天，棚内气温超过35℃时，要及时打开棚的两边通风降温，防止徒长和病害发生。

蕹菜生长快，需肥水量大，要及时追肥（图7-10）。生长期视土壤干湿情况，用浓度为10%～20%的粪水浇泼2～4次，促进茎叶肥大。每次采收后追施浓度为30%～40%的畜粪尿1～2次，保持畦面湿润。在整个生长过程中每隔10d喷施一次有机营养液肥，效果尤佳。

生长期间要及时中耕除草（图7-11），封垄后可不必除草中耕。

5. **及时采收**

幼苗高20cm时可间拔采收。当主蔓或侧蔓长达30cm左右时，采收嫩梢。温度不高、生长较慢时，可隔10d左右采收一次，而旺盛生长期须每周采摘一次。在采收初期易发生“跑藤”现象，即蔓徒长纤细、节间长，是肥水管理不当和不及时采收造成的，而且常发生在主蔓上，应在第一次采收时即留基部2～3个节摘去主蔓（图7-12）。采收3～4次后，适当重采，仅留1～2节，促进茎基部重新萌发，茎蔓粗壮。若茎蔓过密或过弱，可疏除过密过弱枝条或全部刈割一次，重施肥水。集中采收幼苗每亩产量1000～1500kg，多次采收亩产量可达4000kg以上。采收后及时清理黄叶、枯叶、老茎。若留芽过多，发生侧蔓过多，营养分散，生长纤弱缓慢，影响产量和品质。

图7-10　蕹菜缺氮叶发黄，应及时追肥

图7-11　蕹菜田人工除草

图7-12　蕹菜采收

三、蕹菜容器栽培

在阳台、天台、窗台及庭院空地（图7-13），可利用各种花盆（图7-14）、箱（图7-15）、栽培槽等进行容器栽培，容器深度20cm即可。可用播种、分株、扦插方法种植。一般3月中旬至6月下旬播种，播种至收获天数30～60d，每平方米产量1～1.5kg。

图7-13　庭院栽培蕹菜

第一次种植一般采用播种的方法。在春、夏季，先浸种催芽，多撒播，播后覆土1cm左右，浇透水，发芽适温为20～30℃，播后7～9d发芽，苗高15cm时可盆栽。盆土用肥沃园土或培养土，再加入少量腐熟厩肥。也可用水培。春、夏季移苗栽植。

图7-14　蕹菜盆栽

也可在生长期间摘取长15cm左右的顶梢扦插在泥炭中或清水中，插后7～10d生根后，可移栽上盆。

生长期盆土保持湿润，需每天浇水。土壤干燥，则其品质较差。夏季高温期多向茎叶面喷水，茎叶生长快、鲜嫩，口感好。生长期每旬施肥一次，用腐熟饼肥水。同时，每次采摘茎叶后，施肥一次，保证植株生长有充足养分，防止茎叶老化。

图7-15　蕹菜箱栽

盆栽或水养，栽植后1周摘心，促使分枝，茎叶生长迅速时，每10d可采摘一次。如果生长势减弱，可去除部分老茬，加以更新。

苗株长到20cm以上，从基部5～6片叶以上剪取食用；以后每隔20d采收一次，可持续采收4～5个月。有时会有金龟子咬食茎叶，发生时可人工捕捉灭杀。

四、有机蕹菜主要病虫害综合防治

蕹菜主要病害有猝倒病、灰霉病、白锈病、褐斑病等，主要虫害有菜青虫、小菜蛾、夜蛾科虫、蚜虫等。

1. 农业防治

冬季清除地上部枯叶及病残体，并结合深翻，加速病残体腐烂，采收罢园后，要彻底清除病株残叶，集中烧毁。重病田实行1～2年轮作，施用腐熟的有机肥，减少病虫源。科学施肥，加强管理，培育壮苗，增强抵抗力。雨季来临时，应做好开沟排水工作，防止田间积水，降低湿度。浇水应选择在晴天下午进行，每次浇水不要超量，切忌大水漫灌。

2. 物理防治

在设施栽培条件下，设置黄板诱杀蚜虫。利用糖醋酒引诱蛾类成虫，集中杀灭。利用银灰膜驱赶蚜虫，或用防虫网隔离（图7-16）。

图7-16　夏秋撒播萝卜苗期塌地盖防虫网防虫

3．生物防治

蝶蛾类卵孵化盛期选用苏云金杆菌可湿性粉剂、印楝素或川楝素进行防治。成虫期可施用性引诱剂防治害虫。

4．药剂防治

防治蕹菜炭疽病（图7-17），用77%氢氧化铜或30%氧氯化铜等无机铜制剂防治。

防治蕹菜轮斑病（图7-18），可用1∶0.5∶（160～200）波尔多液防治。

防治蕹菜褐斑病（图7-19），发病初期，可选用77%氢氧化铜可湿性粉剂500倍液喷雾防治。

防治蕹菜细菌性叶枯病（图7-20），用种子重量0.3%的47%春雷·王铜

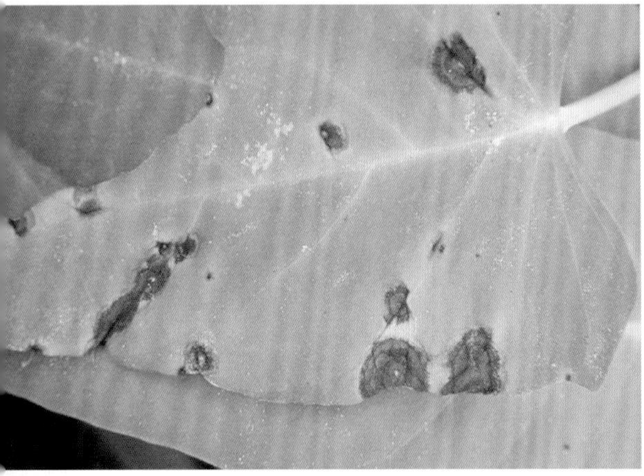

图7-17　蕹菜炭疽病病叶

图7-18　蕹菜轮斑病病叶

图7-19　蕹菜褐斑病病叶

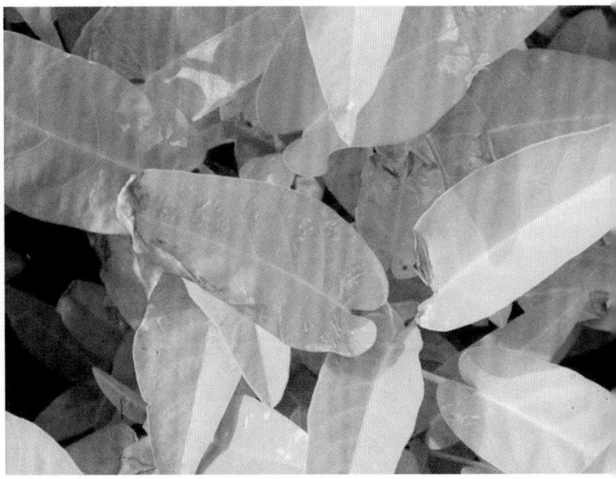

图7-20　蕹菜细菌性叶枯病病叶

图7-21　蕹菜柱盘孢叶斑病病叶

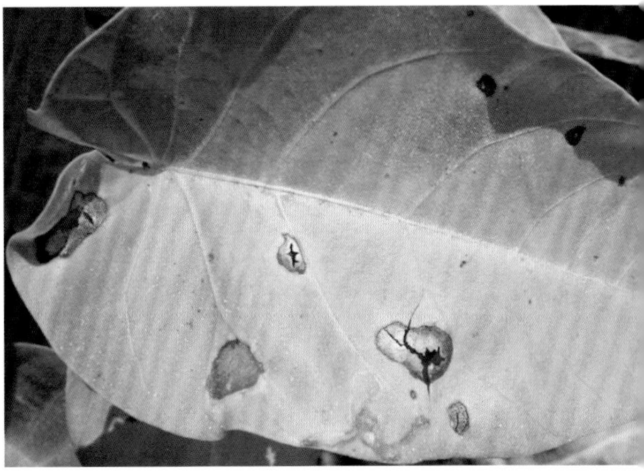

图7-22　蕹菜球腔菌叶斑病病叶

可湿性粉剂拌种。发病初期，可选用47%春雷·王铜可湿性粉剂600倍液，或77%氢氧化铜可湿性粉剂500倍液等喷雾防治。

防治蕹菜叶斑病（图7-21～图7-23），发病前，可选用1：1：100倍量式波尔多液、30%氧氯化铜悬浮剂800倍液等喷雾防治，每隔7～10d喷施一次，连续防治3～4次。

防治蕹菜腐败病（图7-24），发病初期，可选用5%井冈霉素水剂1500倍液喷雾防治。

防治蕹菜猝倒病（图7-25），用2.1%丁子·香芹酚水剂700倍液喷雾防治。

防治蕹菜灰霉病（图7-26）和白锈病（图7-27），发病时喷施2%武夷菌素水剂150倍液，或6%井冈蛇床素可湿性粉剂40g/亩对水喷雾，隔7～10d一次，连续防治3～4次。

图7-23　蕹菜帝纹尾孢叶斑病病叶

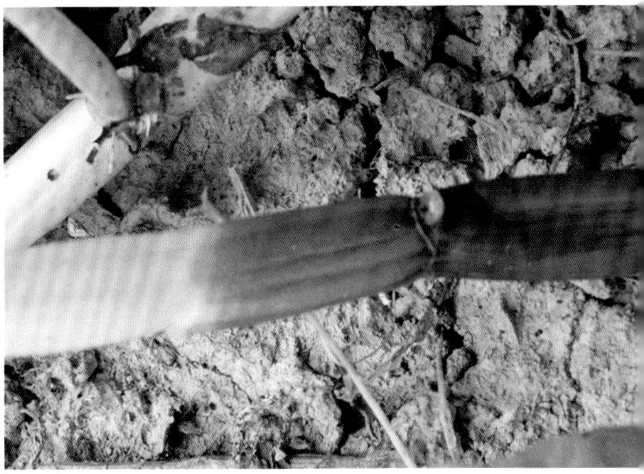

图7-24　蕹菜腐败病

防治斜纹夜蛾（图7-28），在卵孵高峰期使用300亿PIB / g斜纹夜蛾核型多角体病毒水分散粒剂10000倍液，每亩用量8～10g，每代次用药1次。喷药要避开强光，最好在傍晚喷施，防止紫外线杀伤病毒活性。还可每亩使用0.6%印楝素乳油100～200mL、400亿/g孢子的白僵菌25～30g、100亿/mL孢子的短稳杆菌悬浮剂800～1000倍液等喷雾防治，10～14d喷一次，共喷2～3次。

图7-25　蕹菜猝倒病

图7-26　蕹菜灰霉病

图7-27　蕹菜白锈病病叶

图7-28　蕹菜地里的斜纹夜蛾幼虫

有机

韭菜

栽·培·技·术

图8-1　韭菜

一、韭菜概况

1. 品种名称

韭菜（图8-1），又称扁菜、起阳草、草钟乳、嫩人草、韭、山韭、丰本、长生韭、壮阳草、韭芽等。

2. 类别

百合科葱属、以嫩叶和柔嫩花茎为主要产品的多年生宿根草本植物。

3. 食疗价值

食用部分是叶片、叶鞘（图8-2）及花薹（图8-3）。除采收青韭外，还可采收韭白、韭黄（图8-4）等。老人、小孩、身体羸弱者和孕妇多吃韭菜为好，可以摄取足够的维生素E。但要注意隔夜的韭菜不宜再吃，以免引起食物中毒。

韭菜味甘辛、性温，叶、根、种子均可入药，具有补肾助阳、温中降逆、补中益肝、活血化淤、通络止血等作用，适用于阳痿、遗精、早泄、噎嗝、反胃、肝病、跌打损伤、腰膝痛、尿频、白带多、胸胁痛等症。韭菜中的硫化物、蒜氨酸、苷类等物质，能刺激产生激素的生殖系统，促进激素分泌，提高性欲，故韭菜又称为“起阳草”。农谚有“种块韭菜，祛病消灾”之说。

4. 产品图例

韭菜品种按食用部分可分为根韭（主要以根和花薹供食）、叶

图8-2 青韭

图8-3 韭菜花

图8-4 韭黄

韭（主要以叶片、叶鞘供食用）、花韭（专以收获韭菜花薹部分供食）、叶花兼用韭四种类型。在生产中，按韭菜叶片的宽度可分为宽叶韭（图8-5）和窄叶韭（图8-6）两类。

图8-5　宽叶韭

图8-6　窄叶韭

图8-7　韭菜开花结籽

5. 韭菜对环境条件的要求

（1）温度　韭菜属于耐寒性蔬菜，对温度的适应范围较广，在我国各地均可进行越冬和越夏栽培，为多年生宿根蔬菜。韭菜不同生育期对温度要求不同，发芽期为种子萌动到幼芽伸出并长出第一片真叶，种子发芽适宜温度为15～18℃，发芽天数由地温决定，一般约10～20d；幼苗期为第一片真叶伸出到定植，约40～60d，生长适温为12～24℃，25℃以上生长不良；茎叶生长的最适温度为白天12～24℃，抽薹开花期（图8-7）对温度要求较高，一般为20～26℃。

韭菜生育期内有较强的耐寒能力，叶丛能耐－5～－4℃的低温，但当温度在－7～－6℃时，叶片即枯死；韭菜具有较强的耐热能力，在25～30℃的气温下，叶片尚能正常生长，但温度高于30℃，则其品质下降。另外，韭菜属于绿体春化作物，只有当植株达到一定大小时，方能感受低温，并通过春化阶段。

（2）光照　韭菜是长日照作物，只有通过低温春化后，植株在长日照条件下才能抽薹、开花，其花芽分化也需要较长的日照，在短日照下韭菜不能进行花芽分化。但在自然光照条件下，韭菜叶片的发生与生长几乎不受日照长短的影响。韭菜叶片生长对光照强度的要求比较严格，光照过强或过弱均不利于叶片生长。一般在20000～40000lux的光照强度下，韭菜的生长较为正常。在适温条件下，光强适中，有利于碳水化合物的形成和积累；光照不足，光合作用减弱，积累的同化产物减少，造成叶片瘦小，分蘖少，生长缓慢，产量降低。春秋两季是韭菜光合作用最盛时期。

在微光或无光条件下，可进行韭菜的软化栽培，生产韭黄（即韭芽），但这种韭黄是在具有一定叶片生长基础上才可培育的，而叶片的生长必须有良好的光照条件。韭黄产品中，纤维素、叶绿素和维生素C含量均较低，而叶黄素含量较多。因其生长的主要营养是来自贮藏在地下短缩茎里的养分，所以，要进行软化栽培，必先养好韭菜的根。韭菜产品器官的形成期，不同品种对光照强弱的反应不同，由南方引进的青韭和韭黄兼用品种，在冬季温室弱光的条件下生产，生长速度快，这可能与它们在系统发育中所形成的对光照利用和适应的能力不同有关。

（3）水分　韭菜喜湿，但不耐涝。尽管韭菜叶片狭长，表皮蜡质层较厚，但韭菜是须状根系，分布浅、吸收能力较弱，所以，韭菜对土壤水分含量要求严格。由于根系吸水能力弱，因此，要求土壤经常保持湿润，且忌土壤水分过量。如缺水干旱，则生长缓慢，产量、质量均受到影响；土壤水分过量，容易发生涝害，使韭菜根系窒息，地上部萎蔫死亡。若空气湿度过高，容易诱发灰霉病等病害。一般以土壤含水量介于70%～90%之间，空气湿度60%～70%较为适宜。

（4）土壤和营养　韭菜对土壤适应能力较强，沙土、黏土均可，但因韭菜根系较小，吸收能力较弱，最好选择土层深厚、疏松、有机质丰富、保水和排水较好的肥沃壤土。黏土保水、保肥力强，但排水不良，容易缩短韭菜的生长寿命；沙土地土质疏松，透气性好，但保水、保肥力差，不易满足韭菜营养生长需要。

韭菜对盐碱土壤有一定的适应能力，适宜的土壤酸碱度为pH5.6～6.5，酸碱度过大均不利于生长。

由于韭菜的生长期长，收割次数多，需肥量较大。从三元素来说，氮肥充足有利于叶片肥大；增施磷肥有利于促根系生长，提高品质；增施钾肥，有利于促进养分的运输。只有营养充足，才能有助于有机物质的制造和积累，促进根系生长发育。韭菜在不同生长发育期对肥料的需求量是不同的，营养生长旺盛时期，需肥量最多。

（5）气体　韭菜进行呼吸作用必须有氧的参与。大气中的氧完全能够满足植株地上部的要求，但土壤中的氧含量依土壤结构状况、土壤含水量多少而发生变化，进而影响植株地下部即根系的生长发育。如土壤松散，氧气充足，根系生长良好，侧根和根毛少；如土壤渍水板结，氧气不足，致使种子霉烂或烂根死苗。因此，在栽培上应及时中耕、培土、排水防涝，以改善土壤中氧含量的状况。

6. 栽培季节及茬口安排

韭菜自播种后一般可采收多年，可以用种子春播或秋播，以春播较多，以后每年还可分株繁殖。韭菜植株在生长期间，有薹品种一般每年均会在7～8月抽薹开花，长日照和高温是其花芽分化和抽薹开花的必要条件。有机韭菜家庭栽培茬口安排见表8。

表8　有机韭菜家庭栽培茬口安排（长江流域）

种类	栽培方式	建议品种	播期	定植期	株行距/（cm×cm）	采收期	亩产量/kg	亩用种量/g
韭菜	春播	改良791、雪韭4号、平韭4号、日本冬韭、四季薹韭	3月下～4月上	6月中～7月上	小丛密植，每丛6～8株，宽行14～17cm，窄行8～10cm，丛距10～12cm	2～3年后多次收割	青韭：3000～4000/年 韭薹：200/年	2000～3000
	秋播		8月8左右	翌年4月4日左右				

二、有机韭菜栽培

1. 品种选择

选择耐寒耐热、分蘖力强、叶鞘粗壮、质地柔嫩的品种。一般选用宽叶韭菜类型，有机栽培的也有选用细叶类型，风味更浓郁（图8-8）。

2. 播种育苗

（1）苗床准备　选择土质肥沃、排灌条件好的沙质壤土，忌与葱蒜类蔬菜连作。前茬作物收获后，清洁田园，冻垡晒垡，精细整地，耙平作畦。北方宜作平畦，南方可筑高畦，畦宽1.5～1.8m（包沟）。每10平方米可施腐熟有机肥80kg左右。

（2）种子处理　播种前将种子曝晒2～3d，每天翻3～4次。春季气温低时用干籽播种。塑料薄膜小拱棚或初夏播种，采用浸种催芽，浸种时先用40℃温水浸泡，不断搅拌至水温下降到30℃后，再浸泡24h，除去杂质和瘪粒，搓净表面黏液，冲洗干净，晾干后用湿布包好，置15～20℃下催芽，每天用清水冲洗1～2次，3～4d可播种。

图8-8　韭菜种子

（3）播种　春播可从3月上旬～5月上旬，最适3月下旬～4月上旬，定植期为6月中旬～7月上旬。若翌年春季定植，应在6月中下旬播种。每10平方米播种75g左右。采用条播或撒播，播前浇足底水，底水下渗后，薄撒一层细土，再播种。播后及时覆细土1cm厚，刮平后轻轻压实。种子将出土时再覆细土0.5cm厚，畦面加盖薄膜或草苫，浇泼50%的畜粪尿水，10～20d种子发芽时撤去覆盖物，可使出苗时间缩短7～10d。春季雨水多，最好在苗床上搭防雨棚，发现畦土过干，要连续浇水，促使幼芽出土。

（4）苗期管理　保持土壤湿润，一般在真叶生出前不浇水。苗高8cm左右及时浇水，以后每隔5～6d浇水一次。苗高10cm左右时结合浇水每亩追施腐熟粪稀2～3次。苗高15～18cm时，适当控制肥水，蹲苗。根据墒情每7～10d浇一次水。

3. 及时定植

实行2～3年轮作，一般选前茬非百合科作物的地块，且以保水、保肥能力强，排水良好的沙壤土、壤土或轻黏壤土为宜。前茬作物收获后，要及时清洁田园，并将植株病残体集中销毁。于大田定植前深翻土壤，以15～20cm深为宜，充分曝晒、风化，以减少病菌、消灭杂草。

整地的同时施入基肥，每亩施入腐熟农家肥3000～4000kg，或腐熟大豆饼肥150kg，或腐熟花生饼肥150kg，另加磷矿粉40kg及钾矿粉20kg。掺匀细耙，整平作畦。

一般苗龄75d左右，秧苗6～8片真叶，即可定植。定植前1～2d对苗畦浇一次水，定植时将苗掘起，剪去叶片，留叶鞘以上3～5cm，剪短过长的根须，留6cm长，选择根茎粗壮、叶鞘粗的壮苗移栽。采用单株宽窄行密植，宽行

图8-9　韭菜田松土效果

图8-10　韭菜行间施肥后盖土压实

图8-11　韭菜田人工除草

13～14cm，窄行5～7cm，株距4cm；或小丛密植，每丛6～8株，宽行14～17cm，窄行8～10cm，丛距10～12cm。栽植时开沟条植，沟深10～15cm。定植时深栽浅埋，以叶鞘与叶片交接处同地面平齐为度，覆土6～7cm，覆土后仍留3～4cm的定植沟或定植穴。栽后及时浇水。

4. 田间管理

（1）定植当年的管理　以养根为主。定植后十余天，及时中耕松土（图8-9），不干不浇水，降雨后或灌水后浅锄。立秋前一般不追肥水，不收割。

8月中旬以后，亩追施腐熟饼肥100～200kg，均匀撒在韭行间，浅锄，使肥土混匀，踩实；也可在行间开沟撒施肥料，然后盖土（图8-10），施肥后浇一次大水，以后每隔5～7d浇一次水。9月中下旬结合中耕追施粪肥500～800kg。10月上旬减少浇水次数，保持土表见干见湿，下旬开始停水停肥，入冬前应在土壤夜间封冻中午融化时结合浇冻水，亩施1000～2000kg的畜粪尿水或沼液。

定植缓苗后注意中耕除草（图8-11），及时清除地上部枯叶。定植当年，一般培土2～3次，第一次在叶鞘长10cm左右进行，培土高度不超过叶片与叶鞘相连叉口，第二次在叶鞘叉口高出地面7～10cm时进行，以后叉口高出地面7～10cm时再培土，直至定植沟整平。一般培土与重施追肥相结合。

（2）第二年以后的管理

①春季管理　春季返青前及时清除畦面上枯叶，然后在行间深松土，韭菜萌发后，每亩追一次稀淡畜粪尿水500～1000kg，3～4d后中耕松土一次。一般不浇水，土壤墒情好的可以在收第一刀后浇水，以后维持土表见湿见干。每次浇水后，要中耕松土。每次收割后3～4d每亩追施腐熟畜粪尿1500～2000kg，随水施入或沟施，切忌收割后立即追肥、浇水，以免通过新鲜伤口造成肥害或病害。韭菜收割后把草木灰均匀地撒在上面（图8-13）。春季是韭蛆发生的一个高峰期，需要特别注意防治。

3年以上的植株每年都要培土，在早春土壤解冻、新芽萌发前，选晴天的中午，把土均匀撒在畦面。此外，在早春韭菜萌发前，应进行剔根，将根际土壤挖掘至深、宽各6cm左右，将每丛中株间土壤剔出，深达根部为止，露出根茎，剔除枯死根蘖和细弱分蘖。春季低温阴雨，宜采用盖棚栽培，并注意通风排湿和清沟排水。

②夏季管理　夏季一般不收割，高温多雨应及时排涝。大暑后陆续抽生花薹，在抽薹后花薹老化前，摘除所有花薹，此时应连续打薹，从叶鞘上部同叶的连接处把嫩薹掰断。适量追施稀粪水。高温季节应采用遮阳网覆盖。

③秋冬管理　增加肥水供应，减少收割次数，及时治蛆。处暑以后，维持地面不干，一般7～10d浇一次水，每亩随水追施稀畜粪尿500～800kg，寒露以后控制浇水，维持地表见湿见干，停止追肥。从处暑到秋分，收割1～2刀

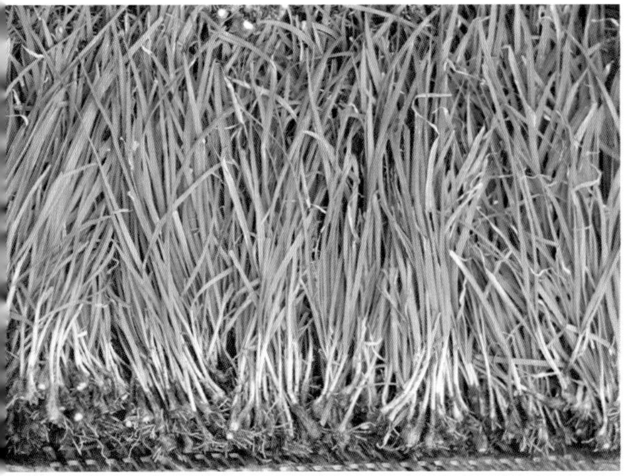

图8-12　准备移栽的韭菜植株

图8-13　收割后撒施草木灰

图8-14　示范割韭方法

（图8-14），及时施肥浇水，秋分后停止收割。封冻前应适时灌冻水。冬季严寒，应采用薄膜覆盖，施用草木灰等，保护叶片不受冻。

5. 软化栽培

韭菜软化栽培是通过各种覆盖物，包括草棚、培土及盖瓦筒等，使新生的叶子在不见阳光的情况下生长而不形成叶绿素，因而新生出来的叶鞘及叶片均为白色或淡黄色。韭菜等软化后，叶肉组织的纤维化程度亦大为减弱，叶身中的维管束的木质部较不发达，细胞壁的木质化程度减弱。韭菜经软化后的叶子组织柔嫩，增进了食用价值。生产上，软化后的韭菜又可分为韭白、韭芽和韭黄。所谓韭白（图8-15）就是只软化韭菜的假茎，所以叶鞘部分变为白色，叶片部分为绿色。韭芽是指在冬季生产中，用泥土等覆盖，在早春收割长仅20cm左右的小韭菜。而韭黄（图8-16）则是人为制造黑暗环境条件，让植株在弱光下生长而得到的韭菜。

培土软化是长江流域最普遍的一种方法。各地具体做法大同小异，均在秋、冬季或春季，每隔20余天进行一次培土，共3～4次。夏季温度高，培土以后，容易引起腐烂。

图8-15　韭白产品

图8-16　韭黄产品

瓦筒软化是用一种特别的圆筒形瓦筒，罩在韭菜上，利用瓦筒遮光。瓦筒高20～25cm，上端有一瓦盖或小孔（孔上盖瓦片），这样既不见光又通风，夏季经过7～8d后可以收割，冬季经过10～12d也可以收割。一年可以收割4～5次。

草片覆盖软化是通过培土软化获得韭白后割去青韭，然后搭架40～50cm，用草片进行覆盖。最适宜的时间是在生长最旺盛的春季（3～4月）及秋季（10～11月）。夏季盖棚温度高、湿度大，若通风不良，容易引起烂叶。

黑色塑料拱棚覆盖特别适合于低温期的软化，而在气温高时则易导致棚内温度过高，但可通过加盖遮阳网来降低棚内温度。

6. 及时采收

（1）青韭采收标准　一般每年收割4～6次，当年不收割。收割以春韭为主，收割时间要按当地市场行情和韭菜生长情况而定，一般植株长出第七片心叶、株高30cm以上、叶片肥厚宽大可采收。一般春季每隔20～30d采收一次，共采收1～3次，炎夏一般只收韭菜花。秋季每隔30～40d采收一次，共采收1～2次。收割时留茬高度以鳞茎上3～4cm、在叶鞘处下刀为宜，每刀留茬应较上刀高出1cm左右。收割后及时用耙子把残叶杂物清除，搂平畦面，可以往根茬上撒些草木灰，不但能防治根蛆，避免苍蝇产卵，还能起到追肥作用。

（2）韭黄采收标准　韭黄收割适期的标准是叶尖变圆，韭黄长度为25～30cm，色泽金黄鲜嫩且未倒伏。割口以齐鳞茎上端为宜。

（3）韭薹采收标准　韭薹采收的标准是韭薹长25～50cm，花苞紧实未鼓，于清晨露水干后或傍晚采收为宜。收获的韭薹应鲜嫩、青绿、粗壮、匀条、无病斑，无浸水及腐烂现象。

三、韭菜阳台盆栽

韭菜阳台栽培，一般3月上旬至9月上旬播种，每年可收6次，每平方米产量1.5kg。

1. 设施选择

盆栽可选择口径20～40cm的塑料盆（图8-17）、陶瓷盆；栽培槽一般选用长60～80cm、宽

图8-17　塑料盆栽韭菜

18~22cm、高10~15cm的塑料桶、树脂槽；栽培箱一般选用长40~50cm、宽30~40cm、高30~40cm的泡沫箱（图8-18）、塑料箱、树脂箱等。多次使用的盆、栽培槽、栽培箱，使用前要用高锰酸钾溶液1500倍液浸泡15min进行消毒，清水洗净后备用。

图8-18　泡沫箱栽韭菜

2. 基质选择

为保证阳台蔬菜生长良好，不污染室内环境，阳台菜园一般不选用大田土或园田土，而选用有机基质和无机基质（图8-19）。有机基质选用草炭、蛭石、珍珠岩，按体积2：1：1的比例混合而成；无机基质则选用河沙。基质使用前要经过消毒，一般采用物理消毒方法，如太阳能消毒，即将基质装入透明的长方形塑料袋内，于夏季在太阳光下暴晒10~15d，暴晒过程中经常翻动塑料袋。太阳能消毒的基质，数量可适当多些以备用。

图8-19　阳台基质土盆栽韭菜

3. 品种选择

宜选择品质优、产量高、抗病虫性强的品种，如791、红根韭菜、马蔺韭等。

4. 播种育苗

将种子放入55~60℃温水中浸泡10~15min。浸泡过程中不断进行搅动，并且保持水温。然后将浸泡的种子再用清水洗一遍，捞出阴干后待播。选用50孔育苗穴盘，内装已消毒的有机基质，每穴播种5~6粒，上覆0.5~1.0cm厚的基质，浇透水，保持15~25℃的温度，5~7d即可出苗。出苗后，仍保持15~25℃的温度和见湿见干的水分管理，经70~80d即可培育成壮苗。韭菜从播种到生长成为商品菜，大约需要10个月的时间。有条件的地方，可以直接从农家菜园里挖取二、三年生的韭菜母根，剪去上部叶片和剪短下部根系（保留1.5～2.0cm根系），洗净根部土壤，放入高锰酸钾1500倍液中浸泡15min进行根系消毒，再用清水冲洗后直接定植。

图8-20 从农家挖取的韭菜母根

5. **定植和养茬**

将栽培用的盆、箱装入基质，不要装满，盆栽的上部留3～4cm的空间，箱培的留5～8cm的空间，然后将育苗盘内的韭菜苗进行簇栽，即将每穴中5～6株韭菜苗一簇一簇地定植在盆、箱内。每簇间距4cm左右，四周边行还可以适当增大密度。然后浇定根水，经7～10d即可缓苗。待幼苗长到高30cm左右、出现一些黄萎叶片时割收。

韭菜因苗期时间长，盆栽一般不直播，可选择1～2年生韭根直接栽种（图8-20）。栽前将韭菜去土分株，剪去韭叶留平茬，再剪去部分毛根，留2cm长即可。然后晒2～3d，使韭菜剪口愈合。将花盆装上基质，装到距花盆上沿4cm即可。韭根晒好后即可栽种。一般窄盆（宽20cm左右）可栽2行，宽盆（宽30cm左右）可栽3行。穴距8～10cm左右，每穴散栽10～15株。栽后覆土至距盆上沿2cm左右，然后浇透水。

6. **肥水管理**

家庭阳台韭菜栽培，整个生育期间，不施任何化肥和农药。追肥以经过室外发酵的厨余垃圾肥为主，如淘米水、剩牛奶、剩豆浆、剩啤酒等，追肥不宜过多过勤，一般10～15d追施一次，每次适量（每立方米追施剩牛奶、剩豆浆、剩啤酒，标准200mL纸杯4杯左右；若用淘米水可适当多些，可达8～10纸杯），且要结合浇水进行。也可追施精量有机肥，为避免有机肥的气味污染室内环境，避免病虫害的传播为害，必须选用经发酵处理的有机肥。有机肥一般配合浇水1个月追施一次。阳台韭菜的浇水量，由于季节的不同、阳台位置的不同，没有一个统一的标准。浇水的原则是保持栽培基质的见湿见干，小水勤浇，切不可浇水太多。采用无机基质（河沙）栽培的阳台韭菜，定期浇灌营养液即可。

7. **其他管理**

为防病虫害，可在阳台高100cm的地方悬挂一块防虫黄板，并隔2个月左右更换一次，或者每隔20d左右喷、浇小红辣椒水（用最辣的小红辣椒1g加水200g煮沸10min，过滤后备用）。夏季中午阳台上方要进行遮阴。阳台韭菜，如管理得当，可连续割收7～8年。

四、有机韭菜病虫害综合防治

韭菜的病害主要有灰霉病、疫病、锈病等。虫害主要有韭蛆、葱蚜等。

1. 农业防治

及时摘去并清除病叶、病株，携去田外集中处理，防止病菌蔓延。加强管理，注意透光通风，增强韭菜抗病性。

科学施肥，选择有机质含量高、土壤肥沃、通透性好的地块。按照有机韭菜的生产要求，严禁直接施入人粪尿，要施用充分腐熟的有机肥，注重施用秸秆肥、腐殖酸有机肥。减少肥料臭味，增加土壤的透气性，可有效减少种蝇产卵和蛆虫活动。

图8-21 扒开韭菜表土露出的韭葫芦

扒去表层土，露出韭葫芦（图8-21），晾晒5～7d，可杀死部分根蛆。合理浇水，雨季及时排涝，减轻疫病。播种前、定植用70%的沼液浇灌，水面在地面3～4cm上，可较好防治韭蛆和其他地下害虫。生长期用50%～60%的沼液浇灌，水面在地面3～4cm上，可较好控制韭蛆危害。

2. 生物防治

防治种传病害，用2%农抗120水剂150～200倍液浸种6～12h，捞出后晾干播种，或用同样浓度的药液均匀地喷在种子堆闷4～6h，稍晾后播种；利用生物药剂防治害虫，如白僵菌、绿僵菌、Bt等微生物杀虫剂；糖醋液诱杀，按酒：水：糖：醋=1：2：3：4的比例配制糖醋液；按20m^{2}一块悬挂黏虫板，诱杀韭蛆成虫；在隔离带和田间种植蓖麻等驱虫植物；此外，还可用木醋液、烟碱水剂等生物农药灌根防治韭蛆，也有较好的效果。

3. 物理防治

防虫网纱隔离。利用温室、塑料拱棚现有的骨架，覆盖防虫网可有效防止虫害。覆盖要紧密，四周密封，不能留有缝隙，防止害虫进入。

田间使用黄色黏虫板。需选波长320～680nm（纳米）的宽谱诱虫光源，诱杀半径达100m，对双翅目的蝇类可有效诱杀。在成虫期挂，白天关灯，晚上开灯，诱杀种蝇，起到控制蛆虫为害的作用，适合规模化种植。灯光诱虫是成本最低、用工最少、效果最佳、副作用最小的物理防治方法。

4. 药剂防治

防治韭蛆（图8-22），可用0.3%苦参碱水剂400倍液灌根或先开沟然后浇药覆土，或于韭蛆发生初盛期施药，每亩用1.1%苦参碱粉剂2～2.5kg，加水300～400kg灌根。灌根方法为：扒开韭菜根茎附近的表土，去掉常用喷雾器的喷头，打气，对准韭菜根部喷药，喷后立即覆土。在迟眼蕈蚊成虫或葱地种蝇成虫发生初期，而田间未见被害株时，每亩用1.1%复方苦参碱粉剂4kg，适量对水稀释后，在韭菜地畦口，随浇地水均匀滴入，防治韭蛆。

韭菜移栽时，可用植物源杀虫剂（烟碱、苦参碱、除虫菊素、鱼藤酮、银杏叶、苦楝、辣蓼草等）浸根杀灭韭蛆幼虫。

防治葱蚜（图8-23），在发生初期用5%除虫菊素乳油2000～2500倍液，或3%除虫菊素乳油800～1200倍液，或3%除虫菊素微胶囊悬浮剂800～1500倍液，均匀喷雾。或用10%烟碱乳油500～1000倍液喷雾。害虫初发期用0.3%苦参碱水剂400～600倍液喷雾，5～7d喷洒一次；虫害发生盛期可适当增加药量，3～5d喷洒一次，连续2～3次，喷药时应叶背、叶面均匀喷雾，尤其是叶背。

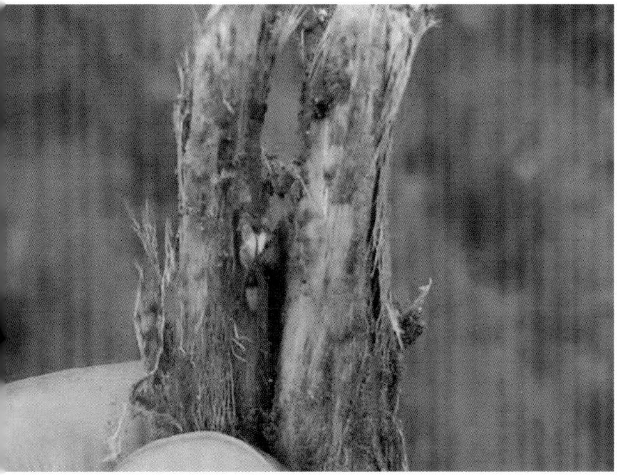

图8-22 韭蛆

图8-23 葱蚜危害韭菜

图8-24　韭菜灰霉病

图8-25　韭菜疫病

图8-26　韭菜锈病

防治韭菜灰霉病（图8-24），发病期可用低毒杀菌剂0.5%大黄素甲醚水剂，或寡聚糖（甲壳素）、食醋、木醋来进行防治。或用1%武夷菌素水剂100～150倍液、4%嘧啶核苷类抗菌素瓜菜烟草型500～600倍液喷雾。

防治韭菜疫病（图8-25），发病期可用0.1%低聚糖素水剂250～400倍液进行喷施。

防治韭菜菌核病，选用广谱性杀菌剂大黄素甲醚0.5%水剂、0.1%低聚糖素水剂250～400倍液进行喷施。

防治韭菜白粉病，用小檗碱、0.5%大黄素甲醚水剂进行防治。

防治韭菜锈病（图8-26），用有机蔬菜专用的石硫合剂进行防治。

防治韭菜病毒病，应以防治蚜虫等刺吸式口器的害虫为主，可喷施楝素、除虫菊、苦参碱、鱼藤酮等来杀灭害虫，使用菇类蛋白多糖可有效防治病毒病。

Chapter 9

有机

花椰菜

栽·培·技·术

图9-1 花椰菜

一、花椰菜概况

1. 品种名称

花椰菜（图9-1），又称花菜、菜花或椰菜花。

2. 类别

十字花科芸薹属甘蓝种，以花球为产品的一个变种，一年或二年生草本植物。

3. 食疗价值

食用部分是花薹、花枝和花蕾聚合而成的肥嫩花球，粗纤维少，可炒食、炖食、做汤、调沙拉等，风味鲜美。花椰菜不耐高温长时间处理，烹饪时爆炒时间不可过长，以防养分丢失及变软影响口感，不如热水短时焯过之后加调料食用。花椰菜性平味甘，有强肾壮骨、补脑填髓、健脾养胃、清肺润喉的作用。适用于先天和后天不足、久病虚损、脾胃虚弱、咳嗽失音等症。花椰菜是防癌、抗癌的保健佳品，所含的多种维生素、纤维素、胡萝卜素、微量元素硒都对抗癌、防癌有益。花椰菜中提取物萝卜子素可激活分解致癌物的酶，从而降低恶性肿瘤的发生率。国外研究还发现花椰菜中含有多种吲哚衍生物，能降低雌激素水平，可以预防乳腺癌的发生。脾虚胃弱的胃肠癌、乳腺癌患者应多吃花椰菜。

4. 产品图例

按目前生产上种植类型分普通花椰菜（图9-2）、松花菜（图9-3）及彩色花椰菜（图9-4）等品种。

图9-2　普通花椰菜产品

图9-3　松花菜产品

图9-4　彩色花椰菜产品

5. 花椰菜对环境条件的要求

图9-5　遭受冻害的花椰菜

（1）温度　花椰菜属半耐寒性蔬菜，喜冷凉气候，既不耐炎热又不耐霜冻，生长发育的适宜温度范围比较窄，为甘蓝类蔬菜中对环境要求比较严格的一种。

种子发芽期的最适温度为20～25℃。莲座期的适宜温度为15～20℃，若高于25℃，叶片光合能力衰退。花球形成期的适宜温度为15～18℃，若气温低于8℃，则生长缓慢；气温在0℃以下则花球易受冻害（图9-5）；若气温达到24℃以上，且气候干旱，花球形成容易受阻，使花球细小，花枝松散并在花枝上萌发小叶，导致品质下降，这种现象从春到夏的栽培中常会发生。

（2）光照　花椰菜属长日照植物，也能耐稍阴的环境，对日照时间长短的要求不严格。通过阶段发育（春化）的植株，不论日照长短，都可形成花球。在阴雨多、光照弱的南方地区和光照强的北方地区，都生长良好。花椰菜虽然喜欢光照，在花球形成期，如果光照太强，温度过高，则叶片生长受阻，使植株的心叶无法包裹住花球，导致露在外面的部分直接受阳光的照射，使花球变成淡黄色或淡绿色，从而降低品质。因此，花球形成期，以日照短和光强较弱为宜，应避免阳光直接照射花球。

（3）水分　花椰菜喜湿润环境，根系较浅，不耐干旱，耐涝能力也较弱，对水分的供应要求比较严格。生长发育最适宜的土壤湿度为田间持水量的70%～80%，最适宜的空气湿度为85%～90%。在整个生长时期，对水分的要求又不一样。幼苗在高温季节不宜供应过多水分，否则容易影响根系的生长，导致植株徒长，或者发生病害。茎叶生长期，如果土壤水分供应不足，则会使植株的生长受抑制，加快生殖生长，提早形成花球，使花球小且品质差。花椰菜要求排水良好、疏松肥沃的土壤，忌积水，也忌炎热干旱。

（4）土壤营养　花椰菜为需肥多的蔬菜作物。在生长发育的整个过程中都需要有充足的氮素营养，而在花球生长期中还需要大量的磷、钾元素。花椰菜在不同的生长期，对养分的需求不同。未出现花蕾前，吸收养分少。定植后20d左右，随着花蕾的出现和膨大，植株对养分的吸收速度迅速增加，一直到花球膨大盛期，花球比茎叶生长量大，因此，花球膨大期要保证养分的充分供应。一般每生产1000kg花椰菜需吸收氮7.7～11kg，二氧化二磷2.1～3.2kg，氧化钾9.2～12.0kg。

图9-6　花椰菜缺硼

氮素含量对花球产量的影响最大，缺氮，会导致下部叶片变黄，甚至脱落；磷肥能促进花球的形成，幼苗期缺磷，幼苗叶片小而伸展不良；缺钾，易发生黑心病；缺硼，常引起花茎中心开裂，花球出现锈褐色斑点并带苦味；缺镁，易使老叶变黄，降低或丧失光合作用能力；在酸性土壤上，由于缺钙妨碍硼的吸收，叶柄会发生龟裂（图9-6）或出现小叶；花球形成对钼也有需求，“鞭尾病”就是花椰菜缺钼的典型症状。

一般肥料不足时，叶片发育不良，小而细长、直立；肥料过多，叶色浓、叶下垂。而低温和肥力不足，会导致早现蕾、花球小、产量低。

6．栽培季节及茬口安排

有机花椰菜家庭栽培茬口安排见表9。

表9　有机花椰菜家庭栽培茬口安排（长江流域）

种类	栽培方式	建议品种	播期	定植期	株行距/（cm×cm）	采收期	亩产量/kg	亩用种量/g
花椰菜	春露地	荷花春早、瑞士雪球、日本雪山	1月	3月中	35×40	5月下～6月中	1500	50
	夏露地	夏雪50、日本白玉1号、中花45d	4月20～5月10	5月15～5月20	35×40	7月上～8月上	1500	50
	秋露地	松花80、韩国一号、韩国二号、雪妃	7月中下	8月下	（46～50）×（53～57）	10月中～11月中	1500	50
	越冬露地	龙峰特大120d、130d、150d等	6月下～7月中	7月下～8月中	40×50	12月中～翌年2月	1500	50
	越冬露地	晚旺心180d、日本雪山、慢慢种	7月上～8月上	9月上～9月下	（50×50）～60	翌年2月中～4月中	2000	50

二、有机花椰菜春季露地栽培

1. 品种选择

花椰菜属幼苗春化型作物，不同品种通过春化阶段对低温的要求不一样，因此，春栽宜选用耐寒性强的春季生态型品种（图9-7）。如错用秋季品种就会发生苗期早现球，降低产量和品质。

图9-7 花椰菜种子

2. 播种育苗

为能在高温到来之前形成花球，必须适期播种。播种时间应结合当地气候条件和品种特性选择。华中和华北地区露地栽培一般在1月份播种。

（1）作苗床 选用近水源、地势高燥、通风、土质通透性好、前作未种过十字花科蔬菜的地块做苗床。营养土用腐熟优质农家肥、草炭、腐叶土等配制。每平方米园土施腐熟优质堆肥10～15kg，以及少量过磷酸钙，充分混匀。播种床需铺配制好的营养土8～10cm厚，移植床铺10～12cm厚，铺后要耧平，并轻拍畦面。然后覆盖塑料薄膜，7～10d后即可播种。

（2）播种 播种前应将种子晒2～3d，然后将种子放在30～40℃的水中搅拌15min，除去瘪粒，在室温下浸泡5h，再用清水洗干净备播。如采用营养方穴播，一般要播所栽株数的1.5倍。播种前灌水，使土层达到饱和状态为宜，待底水渗下后，开始播种。播种时先薄撒一层过筛细土。

播种可采用撒播，即将种子均匀撒在育苗床上，立即覆盖过筛细土2～3cm厚，覆盖薄膜，并用细土将四周封严；也可采用点播，播种前按10cm×10cm划营养方，在土方中间扎0.5cm深的穴，每穴点播2～3粒种子。播后覆土、盖膜。

也可使用营养钵育苗，即将配置好的营养土装入10cm×10cm的营养钵中，浇足水，在苗床上码好，扣棚增温，7～10d后，在营养钵中央按一个0.5cm深的穴，每穴点播2～3粒种子。

（3）苗期管理

①温度管理　播后白天温度控制在20～25℃，夜间温度不低于8℃，促进幼苗迅速出土。苗齐后至第一片真叶显露要适当通风。第一片真叶显露到分苗，尽量保持育苗畦白天温度不低于20℃，夜间温度不低于8℃。苗期如果处于较长时间的低温和干旱，营养生长受到抑制，则会形成“小老苗”，容易引起“早期现花”，使花球质量变劣。分苗前3～5d，适当降低畦内温度炼苗。幼苗拱土、齐苗和间苗后各撒一次细土，厚0.3cm左右，以保墒和提高畦温，缓苗后到定植前，要特别注意保温，防止长时间温度偏低，植株提前通过春化阶段而先期结球。

②间苗、分苗　在子叶展开、第一片真叶显露时各进行一次间苗，定苗距1.5～2.0cm。分苗在播后一个月左右，幼苗2～3叶期时进行。分苗畦的建造与播种畦相同。分苗前一天，育苗畦浇大水以利起苗。分苗间距10cm×10cm，栽后立即浇水。分苗后立即盖严塑料薄膜，棚内5～6d不通风，尽量提高棚温，促进缓苗。缓苗后适当中耕。

3. 整土施肥

最好选用未种过十字花科蔬菜的秋耕晒垡的冬闲地，前茬作物以瓜类、豆类较好，前作收获后要及时深耕冻垡。栽植地应施足基肥，每亩施优质农家肥5000kg，磷矿粉30～50kg，钾矿粉20kg，缺硼、钼地区加施少量硼、钼肥，与土壤混匀耙细后作畦。定植前10左右覆盖地膜，以提高地温。

4. 定植

（1）定植时间　春花椰菜露地栽培适时定植很重要，如定植过晚，成熟期推迟，形成花球时正处于高温季节，花球品质变劣；定植过早，常遇强寒流，生长点易受冻害，且易造成先期现球，影响产量。一般在地下10cm处地温稳定通过8℃左右、平均气温在10℃左右为定植适期。当寒流过后开始回暖时，选晴天上午定植。露地栽培定植期一般在3月中旬，地膜加小棚的可适当提前定植。

（2）定植方法　按畦宽1.3m、株行距0.4～0.5m开挖定植穴，按品种特性合理密植，一般早熟品种每亩定植3500～4000株，中熟品种3000～3500株，中晚熟品种2700株左右。土壤肥力高，植株开展度较大，可适当稀些，反之应稍密些。定植后浇一遍定根水。

5. 田间管理

（1）肥水管理　浇过定根水后4～5d，视土壤干湿状况再浇缓苗水。当基肥不足时，可随缓苗水追肥。莲座期，每亩施腐熟稀粪水2000～2500kg，如果此期缺肥，会造成营养体生长不良，花球早出而且易散球（图9-8）。当部分植株形成小花球后追肥一次，10～15d后再追一次肥。出现花球后5～6d浇一次水，收获花球前5～7d停止浇水。在花球膨大中后期喷0.1%～0.5%硼砂液、0.01%～0.08%的钼酸钠或钼酸铵，可促进花球膨大，3～5d喷一次，共喷3次。

图9-8　花椰菜散花现象

图9-9　花椰菜折叶盖花

（2）中耕蹲苗　浇过缓苗水后，待地表面稍干，即进行中耕松土，连续松土2～3次，先浅后深，以提高地温，增加土壤透气性，促进根系发育。结合中耕适当培土。地膜覆盖的地块不要急于浇缓苗水，以借助地膜升高地温，促使发根。不盖地膜的田块在浇缓苗水后，要适当控制浇水，加强中耕，适度蹲苗。

（3）保护花球　春露地花椰菜生长后期气温较高，日照较强，应采取折叶措施保护花球（图9-9），一般在花球横径10cm左右时，把靠近花球的2～3片外叶束住或折覆于花球表面，当覆盖叶萎蔫发黄后，应及时更换。

6. 采收

花球应适时采收（图9-10）。过早收获，产量不高；过晚采收，花球品质下降，失去了市场竞争力。采收标准：花球充分长大，表面平整，基部花枝略有松散，边缘花枝开始向下反卷而尚未散开。收获时，每个花球带4～5片小叶，以免花球在贮藏与运输过程中受损伤和污染。

图9-10 花椰菜采收

三、有机花椰菜夏季露地栽培

花椰菜夏季露地栽培的生产季节都处于高温多雨时期，不利于花椰菜生长，因此对管理水平要求高。

1. 品种选择

选择耐热、耐湿、早熟的优良品种。

2. 适期播种

在长江流域，宜在4月20日～5月10日播种。播种过早，易出现未熟抽薹和产生侧芽；播种过晚，立秋后才能收获，达不到栽种夏花椰菜的目的。黄淮流域此期不能播种，因生长期温度太高，花球不能正常生长。夏花椰菜育苗期间，多遇倒春寒、阴雨和冰雹天气，苗床要选择向阳、地下水位低的地块。育苗前7～10d翻土，用清粪水作底肥，每亩要求播种子50g，播后搭小拱棚覆盖（图9-11），出现第一对真叶后揭膜。

图9-11 花椰菜夏秋遮阴育苗

3. 精细整地

选择前茬未栽过十字花科蔬菜的肥沃地块栽种，深耕20cm，作小高畦，开好畦沟和排水沟，畦高15～18cm，宽80cm，沟宽35cm。每亩施足有机肥2000kg，磷矿粉50kg，钾矿粉20kg，采用地膜覆盖栽培。

4. 及时定植

苗龄20～25d，株高10～12cm，5片真叶时，选择茎粗壮、叶深绿、根系发达的健壮苗定植。株行距30cm×40cm，选晴天定植，移栽时需要根直、浅栽，压紧根部，并立即浇定根水。

5. 田间管理

（1）中耕除草　未采用地膜覆盖的，要求中耕除草2～3次，中耕要浅，先远后近，根部杂草用手拔除，不能伤根、叶，到封垄时停止中耕除草。

（2）肥水管理　夏花椰菜生长快，需肥量大，一般需追肥3～4次。幼苗移栽成活后进行第一次追肥，每亩浇清粪水1500～2500kg，莲座期每亩浇清粪水4000kg，在莲座初期和后期分2次追肥。开花初期重追肥一次，每亩追施清粪水2500kg。遇到伏旱，应注意及时灌水。

（3）覆盖花球　夏花椰菜花球形成时正值炎热夏天，花球在阳光下暴晒易变黄色，影响品质。因此，在开花初期，花球直径达8～10cm时，就应折叶盖花，但叶不要折断，以保证盖花期间叶片不萎蔫。

四、有机花椰菜秋季露地栽培

1. 品种选择

花椰菜秋季露地栽培（图9-12），前期正值高温季节，因此必须选用苗期耐热的适宜品种。一些耐寒性好、冬性强的品种不能在秋季栽培，否则会出现温度条件高、不能通过春化阶段而不能形成花球的现象。

2. 播种育苗

（1）播种时间　一般华北地区6月中下旬，东北、西北地区5月中下旬至6月初，长江以南地区6月下旬至9月播种。播种过早，病害严重，而且花球形成早，不利于贮藏；播种过晚，植株生长天数减少，花球小，产量低。

（2）苗床准备　苗床应选择地势高燥、通风良好、能灌能排、土质肥沃的地块。前茬作物收获后，及早清除杂草和地下害虫，翻耕晒田。按2.7m的间距

图9-12　花椰菜秋季露地栽培

划线做畦埂，在畦埂处挖排水沟，排水沟的两侧为压膜区。根据土壤肥力，每平方米育苗床施过筛的腐熟粪肥15～20kg。施肥后将床土倒2遍，将土块打碎与粪土混匀。整平整细畦面，再用脚把畦面平踩一遍，然后用平耙耙平，做成平整的四平畦，以备播种。

（3）播种　播种前给苗床浇足底水，翌日在苗床上按10cm×10cm规格划方块，然后在方块中央扎眼，深度不超过0.5cm，然后再用喷壶洒一遍水，水渗下后撒一层薄薄的过筛细土，然后按穴播种，每穴2～3粒，使种子均匀分布在穴里，播种后覆盖约0.5cm厚的过筛细土。随后立即搭棚。

（4）搭棚　播种季节日照强烈，常遇阵雨或暴雨，为防止高温烤苗和雨水冲刷，需搭盖遮阳防雨棚，以遮光、降温、防雨、通风为目的，可搭成高1m左右的拱棚，上盖遮阳网或苇席，下雨之前要加盖塑料薄膜防雨，如用塑料薄膜搭成拱棚，切忌盖严，四周须离地面30cm以上，以利于通风降温。

3. 苗期管理

（1）遮阴　播种后3～4d幼苗出齐，如4d后幼苗出齐，应及时灌一次小水，以保证幼苗出土一致。苗出齐后，将塑料薄膜及遮阳网撤掉，换上防虫网。经过搭荫棚遮阳，可降低土面温度5～8℃，减少幼苗的蒸腾作用，避免幼苗萎蔫，防止地面板结，有利幼苗正常生长。一般幼苗出土到第一片真叶出现，每天上午10时至下午4时均需遮阳。后期逐渐缩短遮阳的时间，直至不再遮阳。

（2）水肥管理　苗期要有充分的水分，一般每隔3～4d浇一次水，保持苗床见湿见干，土壤湿度为70%～80%，以促进幼苗生长，苗期水分管理是关键，绝不能控水，防止干旱使幼苗老化。当小苗长到3～4片叶时，应追施少量稀淡粪水。浇水和追肥应在傍晚或早晨进行，冷灌夜浇，降低地温。

（3）间苗分苗（图9-13） 子叶展开时及时间苗，每穴只留1株。当幼苗具有2～3片真叶时，按大小进行分苗。分苗选阴天或傍晚进行，苗距8cm左右。分苗床管理与苗床相同。苗龄30～40d左右，当幼苗有6～7片真叶时即可定植，幼苗过大定植不易缓苗。

4. 整土施肥

选择地势高、排水好、不易发生涝害的肥沃田块种植，前茬最好为番茄、瓜类、豆类、大蒜、大葱、马铃薯等作物，切忌与小白菜、结球甘蓝等十字花科蔬菜连作。前作收获后应及时腾茬整地。施足基肥，一般每亩施农家肥3000～4000kg，磷矿粉30～50kg，钾矿粉20kg。深翻20cm，耙平。早熟品种以做成高25～30cm、宽1.3m左右的畦为宜，中晚熟品种畦宽1.5m左右。

5. 及时定植

早熟品种6～7片叶时定植，中熟品种7～8片叶时定植，晚熟品种8～9片叶时定植。在早晨或傍晚定植，菜苗最好随起随种。可采用平畦或起垄栽培，定植株距40～50cm，行距50cm，每亩2600～3000株。定植前苗畦浇透水，水渗干后进行切块，带土坨移栽，一般在晴天的下午或阴天移栽，移栽后应立即浇水。

6. 田间管理

（1）水分管理 花椰菜生长喜湿润的气候，忌炎热干燥。当气候干热少雨时，花椰菜花球出现晚，花球小（图9-14），产量低。由于空气湿度很难控制，

图9-13 秋花椰菜露地育苗

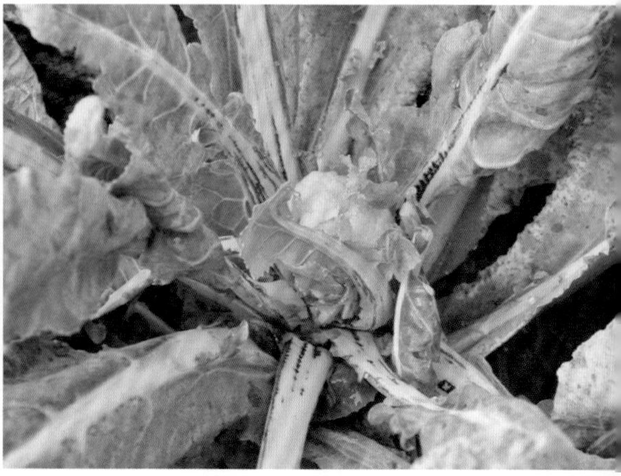

图9-14 花椰菜小花球

因此，栽培中必须加强浇水管理。定植3～4d后浇一次缓苗水。无雨季节每隔4～5d浇一次水。植株生长前期因正值高温多雨季节，所以既要防旱，又要防涝。花椰菜在整个生育期中，有两个需水高峰期：一个是莲座期，另一个是花球形成期。整个生长过程中，应根据天气及花椰菜生长情况，灵活掌握浇水，一般前期小水勤浇，后期随温度的降低，浇水间隔时间逐渐变长，忌大水漫灌，采收前5～7d停止浇水。

（2）肥料管理　除施足基肥外，花椰菜生长前期，因茎叶生长旺盛，需要氮肥较多，至花球形成前15d左右、丛生叶大量形成时，应重施追肥；在花球分化、心叶交心时，再次重施追肥；在花球露出至成熟还要重施2次追肥。每次每亩施稀粪水2500～3000kg，晚熟品种可增加一次。肥料随水施入。

（3）中耕除草　高温多雨易丛生杂草，未采用地膜覆盖时，在缓苗后应及时中耕，促进新根萌生，中耕要浅，勿伤植株，一般中耕2～3次，到植株封垄时停止中耕除草。显露花球前，要注意培土保护植株，防止大风将其刮倒。

（4）覆盖花球　花椰菜的花球在日光直射下，易变淡黄色，并可能在花球中长出小叶，降低品质。因此，在花球形成初期，把接近花球的大叶主脉折断，覆盖花球，覆盖叶萎蔫后，应及时换叶覆盖。有霜冻地区，应进行束叶保护，注意束扎不能过紧，以免影响花球生长。

7. 采收

一般秋花椰菜从9月中旬开始陆续采收，在气温降到0℃时应全部收完，采收时，花球外留5～6片叶，用于运输过程中保护花球免受损伤。在收获和装运时，要轻拿轻放，不要碰伤花球。收获后选洁白、无病、无损伤的花球，去掉花球外的大叶，用保鲜膜包裹，码放在贮藏窖的层架上。

五、花椰菜容器栽培

花椰菜适宜庭院、屋顶平台栽培。盆栽用中型盆（图9-15）。到蔬菜基地购买长有5～6片叶的带土苗株，或购买种子，夏末秋初自播育苗。一般6月下旬至8月中旬播种，

图9-15　花椰菜盆栽

播种至收获需50～120d，每平方米产量2～3kg。

先浇水，然后撒播，种子上面盖0.8cm左右厚的细土，发芽适温20～25℃，播后3～5d发芽。1～2片真叶时分苗，可用直径8cm左右的容器培育成苗。5～6片叶时定植。盆栽用直径为30～40cm的盆，每盆栽苗1株，地栽株间距为40cm。盆栽用菜园土、腐叶土、粗砂的混合土加少量的腐熟饼肥。

苗期需充分浇水，保持土壤湿润，苗株定植后浇透水；生长期土壤切忌干燥，保持湿润，有利于花球发育。苗期定植后1周，施一次稀薄的腐熟饼肥水。生长期和花球期，每周施肥一次，花球期增施2～3次磷、钾肥。花球膨大期用0.2%硼酸溶液叶面喷施可防治花茎开裂，花球膨大时，用老叶盖在花球上，使花球洁白。

六、有机花椰菜病虫害综合防治

花椰菜主要病害有猝倒病、立枯病、软腐病、细菌性黑斑病、病毒病、黑腐病、霜霉病等，主要害虫有蚜虫、小菜蛾、菜青虫、斜纹夜蛾、甜菜夜蛾等。

1. 农业防治

与非十字花科作物轮作3年以上。种子用50℃温水浸泡20min，进行种子消毒，可防治黑腐病。及时清除残株败叶，改善田间通风透光条件。摘除有卵块或初卵幼虫食害的叶片，可消灭大量的卵块及初孵虫，减少田间虫源基数。施足基肥，采用科学施肥技术，提高植株的抗病能力。施用农家肥时要充分堆沤腐熟。追肥不能迎头泼浇，不能过多过浓，以防烧叶烧根。在花球长到拳头大小时，适当控制浇水，施草木灰、钾肥等，可增强植株抗病性。加强苗期管理，培育适龄壮苗，增强植株抗病力。小水勤灌，防止大水漫灌。雨后及时排水，控制土壤湿度。适期分苗，密度不要过大。

2. 物理防治

糖醋液诱捕。按红糖6份+米醋3份+白酒1份+水10份，混配制成诱液，装入盆钵进行诱杀。每200m^{2}左右放1盆，晚上揭开盖，早晨捞出蛾子后盖好。10d左右调换1次糖醋。

设置黄板诱杀蚜虫。用20cm×100cm的黄板，按照每亩30～40块的密度，挂在行间或株间，高出植株顶部，诱杀蚜虫。

覆盖银灰色地膜驱避蚜虫。

防虫网阻隔害虫。可选用20～25目的白色或灰色防虫网，柱架立棚防治虫害，防效明显。夏季覆盖塑料薄膜、防虫网和遮阳网，进行避雨、遮阳、防虫栽培，减轻病虫害的发生。

摘除有卵块和初孵幼虫的叶片。对种植面积较小的菜农，每隔3～5d于早晨结合田间虫情检查，摘除产于叶背的卵块或将初孵幼虫团集中消灭。

3. 药剂防治

防治菜青虫（图9-16），在菜青虫1～2龄高峰期，每亩用9%辣椒碱、烟碱微乳剂50～60g，加水喷雾1次。在幼虫2龄前用苏云金杆菌500～1000倍液，或复合川楝素1000倍液喷雾，7～10d后进行第二次喷洒。或用青虫菌6号粉剂500～800倍液喷雾。在平均气温20℃以上时，每亩用苏云金杆菌乳剂250mL或粉剂50g对水喷雾。

防治蚜虫（图9-17），用1%苦参碱水剂600倍液，或0.3%印楝素乳油1000倍液喷雾，每隔7～10d防治1次，连防2～3次。

防治温室白粉虱、烟粉虱等，在发生初期，用0.3%印楝素乳油1000倍液喷雾。

防治小菜蛾（图9-18），在幼虫2龄前用苏云金杆菌500～1000倍液，或复合川楝素1000倍液喷

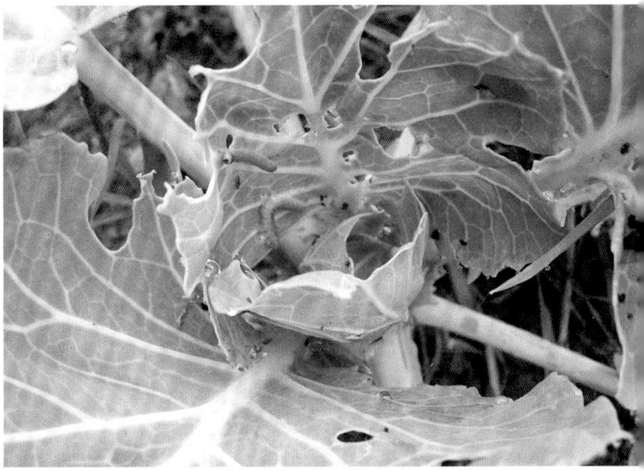

图9-16　菜粉蝶幼虫

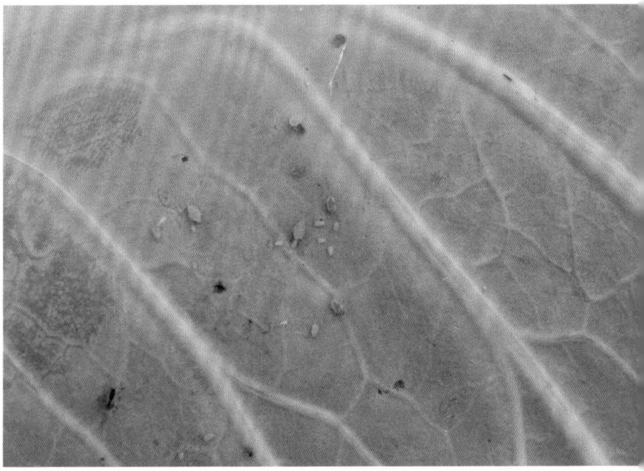

图9-17　菜蚜危害花椰菜

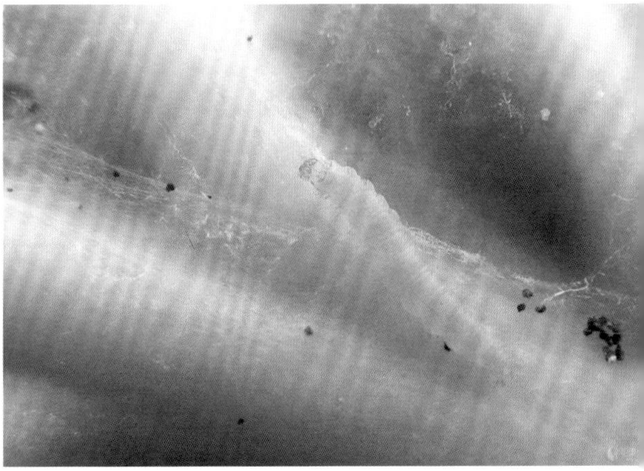

图9-18　小菜蛾幼虫

雾，7～10d后进行第二次喷洒。

防治甜菜夜蛾（图9-19），在平均气温20℃以上时，每亩用苏云金杆菌乳剂250mL或粉剂50g对水喷雾。

防治斜纹夜蛾（图9-20）、棉铃虫，用青虫菌6号粉剂500～800倍液喷雾。

防治花椰菜软腐病（图9-21）、黑腐病（图9-22），每亩用石灰粉50～80kg撒施，然后深翻两遍，进行土壤消毒，利用生石灰杀菌，既可以调节土壤酸碱度，又有补充钙的作用。或用新植霉素4000倍液，或30%氧氯化铜悬浮剂300～400倍液、12%碱式硫酸铜水剂600倍液、1：2：200的波尔多液等喷雾，隔7～10d 1次，连续喷2～3次。或在花椰菜播种前或换茬期间，田间拌土撒施抗生菌3号0.75～1.00kg与抗生菌5号2.0～2.5kg，或浇灌0.4%武夷菌

图9-19　甜菜夜蛾危害花椰菜

图9-20　斜纹夜蛾幼虫危害花椰菜

图9-21　花椰菜软腐病花球

图9-22　花椰菜黑腐病病叶

素50倍液。

防治花椰菜霜霉病（图9-23），发病初期喷洒含活孢子1.5亿/g木霉菌可湿性粉剂400～800倍液，隔7～10d 1次，连防3～4次。

防治花椰菜菌核病（图9-24），生物防治能有效减少病原物的数量和削弱其致病性，减轻菌核病的发生，如盾壳霉、吹茨木霉、假单胞杆菌和真菌病毒已被证明对核盘菌的发生起到了很好的抑制作用。

图9-23 花椰菜霜霉病病叶

图9-24 花椰菜菌核病

有机

莴苣

栽·培·技·术

图10-1 莴苣

一、莴苣概况

1. 品种名称

莴苣（图10-1），别名千斤菜等。分叶用莴苣（生菜）和茎用莴苣（莴笋）两类。叶用莴苣，又名唛仔菜、莴仔菜等。

2. 类别

菊科莴苣属一二年生草本植物，以叶和嫩茎为主要产品器官。

3. 食疗价值

茎用莴苣，主要食用肥大脆嫩的茎部，口感爽脆，色泽淡绿，如同碧玉一般，可凉拌生食、炒食或腌渍。莴笋茎叶中所富含的一种乳白色浆液，具有类似吗啡样的安神、镇静、催眠作用，且不会成瘾，又没有不良反应，最适合神经衰弱的失眠者服用。莴笋是高钾低钠蔬菜，常食对高血压、冠心病、心肌梗死等心血管疾病及水肿、肾病患者均有良好的保健作用。肝病患者、糖尿病患者常食莴笋，有助于疾病的康复。莴笋叶的营养成分远远高于莴笋茎，丢弃不吃等于丢掉一颗营养丸，经常食用莴笋叶对人的基础代谢、人体生长发育、调节情绪、消除紧张等有一定的作用；还具有刺激消化酶的分泌、增进胆汁的分泌、改善消化系统和肝脏功能、促进食欲等作用，有助于抵御胃病、痛风、风湿性疾病等。莴笋叶所含的莴笋苦素，有清热解毒、镇静镇咳的功用，春、秋容易得感冒、咽喉炎、咳嗽、气管炎的患者常吃莴笋叶，可预防感冒咳嗽、咽喉肿痛、支气管炎等。

叶用莴苣（生菜）营养含量丰富，含有大量β胡萝卜素、抗氧化物、维生素B_1、维生素B_6、维生素E、维生素C，还有大量膳食纤维素和微量元素如镁、磷、钙及少量的铁、铜、锌。生菜的主要食用方法是生食，为西餐蔬菜色拉的“当家菜”。生菜中膳食纤维和维生素C较白菜多，有消除多余脂肪的作用，故又叫“减肥生菜”。生菜的茎叶中含有莴苣素，故味微苦，具有镇痛催眠、降低胆固醇、辅助治疗神经衰弱等功效。生菜中含有甘露醇等有效成分，有利尿和促进血液循环的作用。生菜中含有一种“干扰素诱生剂”，可刺激人体正常细胞产生干扰素，从而产生一种“抗病毒蛋白”抑制病毒。

4. 产品图例

莴苣分茎用莴苣（莴笋）和叶用莴苣（生菜）两种。茎用莴苣按叶型又分为尖叶莴笋（图10-2）和圆叶莴笋（图10-3）；叶用莴苣按叶片色泽可分为绿生菜（图10-4）和紫生菜（图10-5）两种，按叶的生长状态可分为散生生菜和结球生菜两种。

图10-2　尖叶莴笋

图10-3　圆叶莴笋

图10-4　绿生菜

图10-5　荷兰紫叶生菜

5. 莴苣对环境条件的要求

（1）温度　莴苣属半耐寒蔬菜，喜凉爽环境，稍耐霜冻，忌高温，在高温天气生长不良。在长江流域以南地区虽然可以露地越冬，但耐寒力随植株的长大而逐渐降低（图10-6）。种子在5～28℃均可发芽，温度升高可以促进发芽，但超过30℃，则发芽受阻。所以，在高温季节里播种，播前要将种子进行低温处理。种子发芽的最适温度为15～20℃，需4～5d，在此温度下，幼芽生长健壮。

茎用莴苣幼苗期的生长适温为12～20℃，发棵期（莲座期）适温为11～18℃，以白天15～20℃、夜间10～15℃最为适宜。肉质茎的肥大，也是在此温度范围最适宜。

结球莴苣对温度的适应范围较窄，既不耐寒，也不耐热。结球莴苣在结球期间的生长适温为17～18℃，如气温在21℃以上就不能形成叶球（图10-7）。气温高，会使叶球内温度提高，易引起心叶腐烂坏死。

总之，对于温度的要求，结球莴苣比较严格，散叶莴苣次之，茎用莴苣适应性最广。

（2）光照　莴苣属于喜光作物，阳光充足，植株生长才健壮，叶片肥厚，嫩茎粗大。如果长时间阴雨连绵，或遮阳密闭，会影响叶片和嫩茎的发育。所以，莴苣栽培也要合理密植。莴苣为长日照植物，导致早抽薹（图10-8）的主要因素是长日照条件。在早、中、晚熟品种中，早熟品种最敏感，中熟品种次之，晚熟品种则比较迟钝。所以，秋莴苣栽培不能选用早熟品种。

（3）水分　莴苣对水分的要求比较严格。因为莴苣的叶片多，叶面积大，蒸腾量也大，所以耗水多，不耐旱。但是水分过多且温度高时，又容易引起徒长。栽培莴苣时，幼苗期应保持土壤湿润，不要过干过湿，否则幼苗易老化或徒长。莲座期适当控制水分，使根系往纵深处生长。在莴苣茎部肥大或结球期，则需要水、肥充足，才能促进产品器官充分生长。如果这一时期缺少水分，则产品器官不能充分长大，苦味重，品质降低。在莴苣茎部肥大或结球后期，则需要适当控制水

图10-6　遭受冻害的莴笋

图10-7　温度高结球莴笋难结球

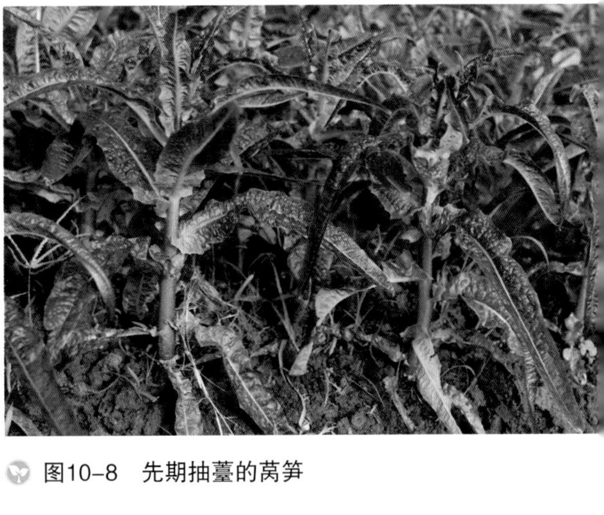

图10-8　先期抽薹的莴笋

图10-9　水分过多莴笋裂茎

分，使产品器官生长充实，如果这个时期，供水、供肥过多，茎用莴苣容易裂茎（图10-9），结球莴苣容易裂球，还会导致软腐病和菌核病的发生。

（4）土壤与营养　莴苣根的吸收能力较弱，而且根系对氧气的要求较高，所以莴苣栽培宜选择地势平坦、灌排水方便、有机质含量丰富的壤土或沙壤土，并实行轮作，避免重茬，才能减轻病害的发生。结球莴苣喜微酸性土壤，以pH＝6的土壤条件下生长最佳，pH小于5或大于7时生长不良。茎用莴苣对土壤酸碱度的适应性较广。

6. 栽培季节及茬口安排

有机莴苣家庭栽培茬口安排见表10。

表10　有机莴苣家庭栽培茬口安排（长江流域）

种类	栽培方式	建议品种	播期	定植期	株行距/（cm×cm）	采收期	亩产量/kg	亩用种量/g
莴笋	春露地	圆叶白皮、大皱叶、红圆叶	2月中～3月下	4月上	20×27	6月	2000	50
	夏露地	成都二白皮、早熟尖叶、大皱叶	4～5月上中	直播	20×27	6～7	1500	50
	秋露地	特抗热二白皮、夏秋香笋王、红圆叶	7月上～8月下	8月下～9月下	（25×30）～35	9月下～12月上	1500	50
	冬露地	雪里松、秋冬香笋王、寒春王	9月下～10月上	11月上中	（30～35）×（30～40）	4月中～5月下	2000	50
生菜	春露地	卡罗娜、绿湖、柯宾、油麦菜	3月中～4月下	5月上～6月中	（25～35）×（40～45）	6月上～7月中	1000	50
	夏露地加遮阳	卡罗娜、大湖、意大利耐抽薹	5月中～6月下	6月下～7月下	（25～30）×（25～30）	7月下～8月下	1000	50
	秋露地	卡罗娜、绿湖、柯宾、油麦菜	8月中	9月中	（25～35）×（40～45）	10月下～11月中	1000	50
	秋露地加覆盖	卡罗娜、绿湖、柯宾、油麦菜	8月下	9月下	（25～35）×（40～45）	11月～12月上	1000	50

二、有机莴笋栽培

1．品种选择

越冬莴笋、春莴笋选用耐寒、适应性强、抽薹迟的品种。夏、秋莴笋，选用耐热的早熟品种（图10-10）。

图10-10　莴笋种子

2．培育壮苗

选地势高燥、排水良好的地块作苗床（图10-11），播前5～7d每亩基施腐熟有机肥4000～5000kg。在整地前施入后深翻，整平整细，盖上塑料薄膜等待播种。在5～9月播种的，播种前需低温催芽。用凉水将种子浸泡1～2h，用湿布包好，置于井下离水面30cm处，每天淋水1～2次，3～4d即可发芽。

图10-11　莴笋常规育苗

（1）春莴笋　大棚育苗播种时，先揭开苗畦上薄膜，浇足底水，待水渗下后，将种子掺在少量的细沙或细土中拌匀后撒播，$10m^2$苗床播种25～30g，播后覆土0.3～0.5cm厚，盖严薄膜，夜间加盖遮阳网或草苫保温，露地育苗加盖小拱棚，幼苗出土前，晚揭早盖覆盖物，不通风，提高床温。幼苗出土后，适当通风，白天保持床温12～20℃，夜间5～8℃。遮阳网早揭晚盖，2～3片真叶时间苗一次，苗距4～5cm，移栽前5～6d，加大通风炼苗。

（2）夏莴笋　选阴天播种。4～5月上中旬播湿籽盖薄膜，出苗后撤去，$10m^2$播种5～10g。5月下旬至7月上中旬，用小拱棚或平棚覆盖遮阳网至出苗或2片真叶。大雨天用遮阳网覆盖防雨水冲刷。2片真叶前间苗一次，4～5片真叶时间苗一次，苗距10cm。健壮苗还可按株行距10cm左右高密度栽植。每次间苗、定苗和移栽缓苗后，结合浇水施腐熟稀粪水。雨天清沟排渍。

（3）秋莴笋　播前先将床浇湿浇透，播后浇盖一层浓度为30%～40%的腐熟猪粪渣及覆盖一层薄稻草，或覆盖黑色遮阳网，播发芽籽或湿籽。出苗前双层浮面覆盖在苗床土上，出苗后盖银灰色遮阳网。早晚浇水肥，保持床土湿润，及时除草间苗。

3. 定植与管理

定植时，选择排水条件好的壤土，每亩施腐熟有机肥4000～5000kg，磷矿粉40kg，钾矿粉20kg。深翻整平，做成1.2～1.5m宽的高畦。起苗前，先将苗床浇水。

（1）春莴笋　苗龄25～30d，5～6片叶时定植，株行距20cm×27cm，深度以埋到第一片叶柄基部为宜。栽后浇压蔸水。以叶上市，株行距15cm×20cm。地膜覆盖栽培的，底肥一次施足，并盖好地膜，雨天排水防渍。露地栽培，选晴暖天气中耕1～2次，适时浇水追肥，前期淡粪勤浇，保持畦面湿润，植株基本封垄时，可嫩株上市。以茎为产品的，每亩浇施浓度为30%～40%的腐熟人畜粪3000～4000kg 1～2次。

（2）秋莴笋（图10-12）苗龄25d定植，株行距25cm×（30～35）cm，以嫩株上市，株行距15cm×20cm。阴天或下午定植，及时浇压蔸水，利用大棚、小拱棚或平棚覆盖遮阳网，缓苗后撤去。少中耕，浅中耕，淡粪勤浇，保持土壤湿润，在植株封垄期前后，每亩施浓度为30%～40%的腐熟人畜粪3000～4000kg 2～3次。

（3）越冬莴笋　苗床底肥不宜过足。苗龄40d左右地膜覆盖定植，株行距（30～35）cm×（30～40）cm。成活后追施1～2次淡粪水。如翌年以成株上市，越冬前应注意炼苗，不宜肥水过勤，冰冻前重施一次防冻肥水。翌春及时清除杂

图10-12　秋莴笋栽培

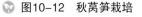

图10-13　适期采收的莴笋

草，浅中耕一次，追肥浓度由小到大。茎基开始膨大后，追肥次数减少，浓度降低。采用地膜和大棚栽培的，要施足底肥，注意通风管理。

4. 及时采收

在茎充分肥大之前可随时采收嫩株上市。当莴笋顶端与最高叶片的尖端相平时适时收获。秋莴笋可在晴天用手掐去生长点和花蕾。采收后，在基部用刀削平，断面光洁，并将植株下部的老叶、黄叶割去，保留嫩茎中上部嫩梢嫩叶（图10-13）。

三、有机生菜栽培技术

1. 播种育苗

（1）营养土配制　营养土可用园土配制，每立方米细碎的园土中施入腐熟细碎的农家有机肥10～20kg，也可用草炭、珍珠岩、蛭石以3∶2∶1比例混合配制，然后每立方米加入腐熟粉碎的干鸡粪10～15kg。配制好的营养土用3～5度石硫合剂，或晶体石硫合剂100倍液、或高锰酸钾100倍液、或木醋液50倍液，喷洒消毒，用塑料薄膜密闭堆制。在播前10～15d翻开过筛，调节pH值。之后，将营养土装入育苗床或穴盘。

（2）种子处理　气温适宜的季节，用干种子直播。在夏季高温季节播种，种子易发生热休眠现象，需用15～18℃的水浸泡催芽后播种，或把种子用纱布包住浸泡约半小时，捞起沥干去余水，放在4～7℃的冰箱冷藏室中两天后再播种，或把种子贮放在－5～0℃的冰箱里存放7～10d，以上方法都能顺利打破生菜种子休眠，提高种子发芽率。2～3d即可齐芽，80%种子露白时应及时播种。

图10-14　生菜常规育苗

（3）播种方式　一种是育苗床播种（图10-14）。育苗床一般做成平畦，播种前浇足底水，水流满畦后略停一下，待水渗下土层后，再在苗畦上撒一薄层过筛细土，厚约3～4mm，随即撒籽，每平方米播种2～3g。撒籽后，覆盖过筛细土，厚约0.5cm。

一种是穴盘播种。可选择128孔的黑色塑料穴盘。在摆穴盘的地面上铺一层砖或厚塑料膜，防止根透出穴盘底部往土里扎，利于秧苗盘根。生菜种子发芽时喜光，在红光下发芽较快，所以播种不宜深，播深不超过1cm。播后上面盖薄薄一层蛭石，使种子不露出即可。

经低温催芽处理后的种子，播后再覆盖一层塑料薄膜，约2～3d，见种子露白再撒一层细土，以不见种子为度。

（4）苗期管理　在保护地育苗，播种后把温度控制在15～20℃，约3～4d出齐苗。由于出苗率有时只有70%～80%，穴盘育苗需抓紧时机将缺苗孔补齐。出苗后白天温度应控制在15～18℃，夜间10℃左右，不宜低于5℃。要经常喷水，保持苗盘湿润，幼苗3叶1心时，结合喷水喷施1～2次生物有机叶面肥，并要注意防治温室病虫害。

气温较低季节育苗及夏季防晒、防雨水冲刷，都宜覆盖塑料薄膜或草帘，幼苗出土后先不忙撤掉覆盖物，等子叶变肥大，真叶开始吐心时，再撤去覆盖物，并在当天浇1次水。特别是在天热的季节，要在早晚没有太阳暴晒的时候撤除覆盖物，随即浇水，浇水后还需覆上1次过筛细土，厚约3～4mm。夏季育苗要防止苗子徒长，应采取适当的遮阴、降温和防雨涝的措施。撒播的长出真叶后进行间苗、除草等工作。

苗床育苗的在2～3片真叶时进行分苗。分苗用的苗畦要和播种畦一样精细整地、施肥，分苗当天先对播种畦的小苗浇一次水，待畦土不泥泞时挖苗，移植到分苗畦，按6cm×8cm的株行距栽植，气温高时宜在午后阳光不太强时进行分苗，分苗移植后随即浇水，并在苗畦上盖上覆盖物，隔1d浇第二水，一般浇2～3次水后即能缓苗。缓苗后应撤去覆盖物，以后松土1次，并适时浇水。

2．定植

（1）选地　选择肥沃、有机质丰富、保水保肥力强、透气性好、排灌方便的微酸性土壤的地块；前后茬应尽量与同科作物，如莴笋、菊苣等蔬菜错开，防止多茬连作。

（2）定植期　定植时间因季节不同而差异较大：4～9月育苗的，一般苗龄20d左右、3～4片叶时定植；10月至次年3月育苗，苗龄30～40d、4～5片叶时定植为宜。

（3）整地施肥作畦　整地要求精细，基肥要用质量好并充分腐熟的畜禽粪，每亩用量4000～5000kg。作畦按不同的栽培季节和土质而定。一般春秋栽培宜作平畦，夏季宜作小高畦，地势较凹的地宜作小高畦或瓦垄畦。如在排水良好的沙壤地块可作平畦，在地下水位高、土壤较黏重、排水不良的地块应作小高畦。畦宽一般为1.5～1.7m，定植4行。

图10-15　生菜栽培

（4）起苗栽植　起苗前浇水切坨，多带些土。穴盘育的苗在种前喷透水，定植时易取苗，且成活率高。苗床育的苗挖苗时要带土坨起苗，随挖随栽，尽量少伤根。种植时按株行距定植整齐，苗要直，种植深度掌握在苗坨的土面与地面平齐即可。开沟或挖穴栽植，封沟平畦后浇足定根水。

（5）定植密度　不同的品种及不同的季节，种植密度有所区别。一般行距40cm，株距30cm。（图10-15）大株型品种，秋季栽培时，行距33～40cm，株距27cm，每亩栽苗5800株；冬季栽培时，可稍密植，行距25cm，每亩栽6500株。株型较小的品种在夏季生产，宜适当密植，行距30cm，株距20～25cm，每亩栽苗6200～8000株。

3. 田间管理

（1）浇水　浇透定植水后中耕保湿缓苗，保证植株不受旱。缓苗水后，要看土壤墒情和生长情况掌握浇水的次数，一般5～7d浇1次水，沙壤土3～5d浇1次水。春季气温较低时，土壤水分蒸发慢，水量宜小，浇水间隔的日期长；春末夏初气温升高，干旱风多，浇水宜勤，水量宜大；夏季多雨时少浇或不浇，无雨干热时又应浇水降低土温。生长盛期需水量多，浇水要足，使土壤经常保持潮润。结球生菜叶球结成后，要控制浇水，防止水分不均造成裂球和烂心。保护地栽培，在开始结球时，田间已封垄，浇水应注意，既要保证植株对水分的需要，又不能过量，以免湿度过大。

（2）施肥　散叶生菜以底肥为主，底肥足时生长期可不追肥。结球生菜在结球初期，应随水追1次粪尿肥以促叶片生长；15～20d追第二次粪尿肥，每亩约施1500kg；结球生菜心叶开始向内卷曲时，需再追施1次粪尿肥，每亩施2000kg左右，并在两行之间开浅沟施入15kg草木灰，覆土，避免肥料接触根系。

（3）中耕除草　定植缓苗后，为促进根系的发育，宜进行中耕、除草，使土面疏松透气。封垄前可酌情再进行一次。结球生菜根系浅，中耕不宜太深，以免损伤根系。

4. **采收**

生菜的采收宜早不宜迟，以保证其鲜嫩的品质。当植株长至具有15～25片叶、株重100～300g时，及时采收（图10-16）。结球生菜可用两手从叶球两旁斜按下，以手感坚实不松为宜。采收时从地面割下，去除根部黄叶。

图10-16　结球生菜的采收

四、莴苣容器栽培

1. **莴笋盆栽**

阳台、天台、露台及庭院空地（图10-17），均可利用花盆（图10-18）、木箱（图10-19）、泡沫箱或栽培槽等进行容器栽培，一般春秋两季栽培，播种至收获天数120～180d，每平方米产量2kg。

多直播（撒播），夏季育苗种子要进行低温处理。播后盖细土。出苗后及时除草和间苗。高温季节要适当遮阴。生长前期适当控水，中后期经常浇水，保持土壤湿润。莴笋从幼苗起即可带叶食用。采食成熟的莴笋茎，当心叶与外叶平齐时为收获适期。

2. **生菜盆栽**

生菜盆栽（图10-20）除最炎热的季节，其他时间都可栽培。通常4、5、9

月生菜育苗在露地进行，6、7、8月要采取遮阳防雨措施，10月至翌年3月需在保护地进行育苗。播种至收获天数50～70d，每平方米产量1～1.5kg。近年来，彩叶莴苣以其艳丽的色彩、较丰富的营养，在全球各地流行起来。彩叶莴苣是叶用莴苣中的一些品种，目前主要的栽培品种有汉城红、赤皇、红翠莴苣等。茎有绿色、绿白色、紫色等，叶有紫红色、红色、褐红色等。

家庭种植可直播，规模种植可先集中育苗或购买商品化苗子。采用育苗移栽，先将盆土浇透水，种子与细沙混匀后撒播于土面，窄盆播2行，宽盆播3行，穴距8～10cm，每穴撒播3粒种子。覆土约0.5cm，可用蛭石覆盖，似露不露。然后轻洒水至蛭石湿透即可。15～20℃时约3～5d发芽。气温高于25℃时发芽率偏低，故高温时播种需进行催芽，将种子浸泡于水中约6h，捞出后用布包好，

图10-17　莴笋庭院栽培

图10-18　莴笋盆栽

图10-19　莴笋木箱栽培

图10-20　盆栽生菜

放入5℃左右的冰箱冷藏室催芽，约有3/4种子露白时再播种。苗期忌干旱，也不宜浇水过多，以后每隔3～4d浇一次透水。至2～3片真叶时间苗1次，株距约5cm。

5～6片真叶时移栽，散叶生菜株距约15cm，结球生菜株距约30cm。一般在晴天下午进行，根部要全部埋入土中，并浇透水，成活后正常管理。

定植后一周，喷施一次以氮肥为主的腐熟有机肥；定植两周和一个月后，再各喷施一次腐熟有机肥，要求为氮磷钾全元素肥。若植株缺肥，视需要增加施肥次数，但采收前两周左右停止施肥。生长期前期适当控水，叶片生长旺盛期至采收需水量较大，要求土壤保持湿润，但忌渍涝及水积存于叶间，一般2～3d浇水一次，高温时早、晚浇水，宜小水勤浇，采收前逐渐减少浇水量。高温时生长不

图10-21　生菜基质栽培

图10-22　生菜管道栽培

图10-23　生菜滚筒栽培

图10-24　生菜水培

良，夏季要注意遮阴降温。

当植株充分长大而未老化时可适时采收，直接从土中拔出即可。若主茎快速拔高，则植株往往老化而不适合食用。

由于生菜生长时间短，容易栽培，还有基质栽培（图10-21）、管道栽培（图10-22）、滚筒栽培（图10-23）、水培（图10-24）等高科技栽培方式，有些已进入家庭种植中。

五、有机莴苣病虫害综合防治

莴苣病虫害不多，在生产上很少使用农药，但也有霜霉病、菌核病、病毒病、褐斑病等病害，蚜虫、红蜘蛛、地老虎、菜青虫等虫害发生。

1. 农业防治

选用抗病品种。提倡与非菊科蔬菜、禾本科作物轮作2～3年。韭菜挥发的气味对蚜虫有驱避作用，如将其与莴苣搭配种植，可降低蚜虫的密度，减轻蚜虫对莴苣的危害程度。深翻土壤，加速病残体的腐烂分解，清除病株残体，打掉不能进行光合作用的底叶或病叶，携出田外。合理密植，合理施肥，施足腐熟有机肥，开沟排水，增强田间通风透光，降低田间湿度。采用覆膜栽培，带土定植，地膜贴地或采用黑色地膜。夏秋栽培时，覆盖遮阳网或棚膜上适当遮阳。注意适时播种，出苗后小水勤灌，勿过分蹲苗。高湿季节种植选用遮阳网或无纺布遮阴防雨。

2. 生物防治

用500～1000倍的Bt乳剂或青虫菌喷雾防治菜青虫。或应用保幼激素防治菜青虫，可使其变为畸形或拒食而死亡。或用杀螟杆菌，每0.5kg药剂加水250～400，喷雾防治菜青虫。施药时加入少量洗衣粉做展着剂。

3. 物理防治

春茬结束后，将病残落叶清理干净，每亩撒施生石灰200～300kg或碎稻草或小麦秸秆400～500kg，然后翻地、作埂、浇水，最后盖严地膜，关闭棚室闷7～15d，使土壤温度长时间达60℃以上，杀死有害病菌。

田间覆盖银灰色地膜驱避蚜虫；用糖醋液、性诱剂等诱杀鳞翅目害虫成虫；清晨拨开断苗附近的表土，人工捕捉地老虎幼虫；防虫网阻隔害虫，可选用20～25目的白色或灰色防虫网，柱架立棚进行防治虫害；利用蚜虫的趋黄性特

图10-25　莴笋菌核病

图10-26　生菜软腐病

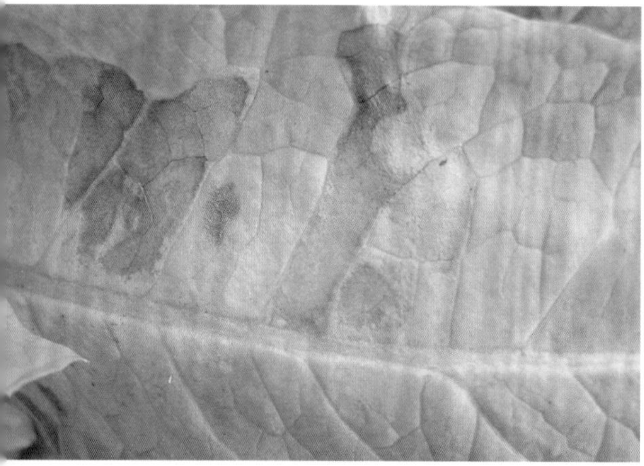

图10-27　莴笋霜霉病病叶正面

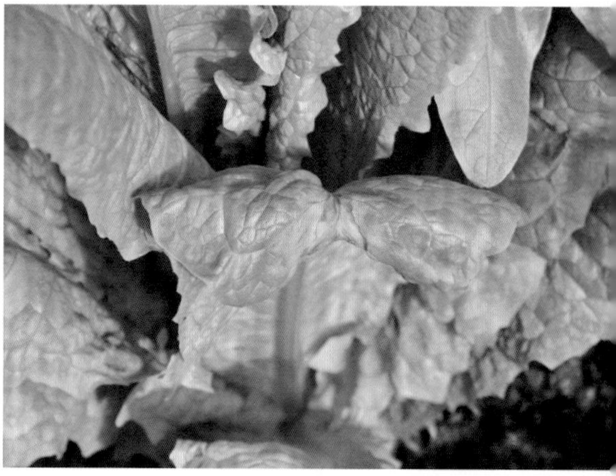

图10-28　莴笋灰霉病发病初期症状

图10-29　莴笋叶焦病

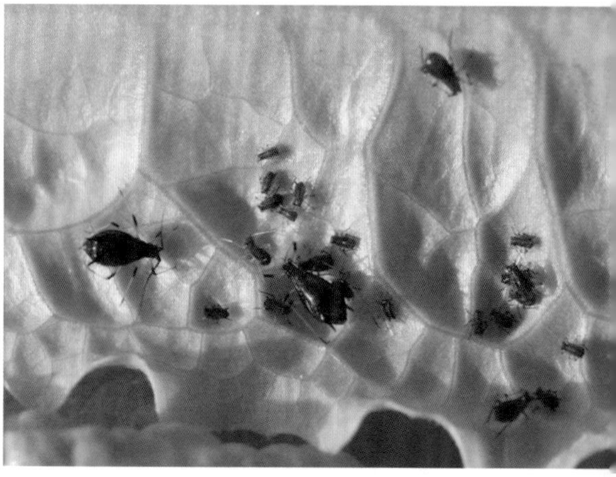

图10-30　莴苣指管蚜成虫微距

点，安装黄色黏蚜板，可大量黏杀有翅蚜虫和潜叶蝇。防治蚜虫，可减少因蚜虫传毒而引发的病毒病。

4．药剂防治

防治莴苣菌核病（图10-25）。定植前在苗床用2%农抗120水剂500～600倍液喷雾。发病初期，先清除病株病叶，再用2%农抗120水剂150～200倍液喷雾，重点喷洒茎基和基部叶片。

防治莴苣软腐病（图10-6）。发病初期可用硫悬浮剂、可湿性硫、石硫合剂等矿物源硫制剂杀菌，也可用王铜、氢氧化铜、波尔多液等矿物源铜制剂杀菌，应注意轮换药剂种类，并有一定间隔期。

防治莴苣霜霉病（图10-27）。发病初期可用春雷霉素、多抗霉素、井冈霉素、农抗120、中生菌素等农用抗生素防治。

防治莴苣灰霉病（图10-28），初见病变或连阴雨天后，可喷洒100万孢子/g寡雄腐霉菌可湿性粉剂1000～1500倍液，或喷洒含0.5%亿芽孢/mL枯草芽孢杆菌BAB-菌株桶混液，防效高，或喷洒2.1%丁子．香芹酚水剂600倍液。

防治莴苣叶焦病（图10-29），播种后1个月于发病初期开始用药，可选用77%氢氧化铜可湿性粉剂600～800倍液、47%春雷·王铜可湿性粉剂700倍液、90%新植霉素可溶性粉剂4000倍液等喷雾，5～7d喷一次，喷2～3次。配合叶面肥喷施防治效果更好。

防治莴苣蚜虫（图10-30）。把桃叶加水浸泡一昼夜，加少量生石灰过滤后喷洒。或把烟草磨成细粉，加少量生石灰撒施。或把辣椒加水浸泡一昼夜，过滤后喷洒。或每亩用洗衣粉400～500倍液60～80kg，连喷2～3次，可起到良好的治蚜作用。

用生物源农药托盾乳油100～150倍液，或大印乳油1000～1500倍液防控虫害。

防治菜青虫等虫害。采用1.5%天然除虫菊素500倍液、7.5%鱼藤酮500倍液或苦参碱水剂500倍液等喷雾。

参考文献

[1] 成妍. 如何种植有机蔬菜. 太原：山西出版传媒集团・山西经济出版社，2016.

[2] 周建成，郑志勇. 零基础有机韭菜高效绿色栽培一月通.北京：中国农业科学技术出版社，2017.

[3] 王意成. 图说家庭种菜. 北京：农村读物出版社，2015.